药物改变人体机能：药物效应

机体对药物的处理：药物代谢

胆碱能神经和肾上腺素能神经：外周神经

人体司令部：中枢神经

麻醉药的前世今生：麻药总论

为外科创造理想的手术条件：麻醉药理

围手术期的不良反应：麻醉毒理

人类向往的无痛世界：镇痛药物

循环系统的安全卫士：心血管系统药物

人类与病原体的不懈斗争：化学治疗药物

药物与人类生命息息相关，

对机体功能作用复杂。

由于药物种类繁多，作用机制多样，新药层出不穷，导致人们对药物在疾病治疗中的效应和机制难以理解，对许多药物在常见疾病中的应用产生极大的困惑，因此，以一种通俗易懂的方式解释药物与生命的关系对非医学专业人士或初步进入医学专业学习的学生至关重要。

本书聚焦人们在生活中经常遇到的疾病和健康问题，以漫画和文字相结合的方式讲解相关药物在其中的应用，图片和文字相辅相成、相得益彰，适合医学领域外的人群和医学专业的学生阅读，便于他们更好地理解药物与生命的关系。

生命 Life and 与 药物

——小物质有大力量

主编 武玉清
编者（按姓氏汉语拼音排序）
陈 蕾 刘 鹏
刘昱含 吴 萌
武玉清 朱龑焜

人民卫生出版社
·北京·

图书在版编目（CIP）数据

生命与药物：小物质有大力量／武玉清主编．—北京：人民卫生出版社，2023.4

ISBN 978-7-117-34090-8

Ⅰ.①生… Ⅱ.①武… Ⅲ.①生命科学-普及读物 ②药物学-普及读物 Ⅳ.①Q1-0 ②R9-49

中国版本图书馆 CIP 数据核字（2022）第 227771 号

生命与药物——小物质有大力量

Shengming yu Yaowu—Xiao Wuzhi You Da Liliang

主　　编：武玉清
出版发行：人民卫生出版社（中继线 010-59780011）
地　　址：北京市朝阳区潘家园南里 19 号
邮　　编：100021
E - mail：pmph @ pmph.com
购书热线：010-59787592　010-59787584　010-65264830
印　　刷：廊坊一二〇六印刷厂
经　　销：新华书店
开　　本：889 × 1194　1/32　印张：8
字　　数：201 千字
版　　次：2023 年 4 月第 1 版
印　　次：2023 年 6 月第 1 次印刷
标准书号：ISBN 978-7-117-34090-8
定　　价：39.80 元

打击盗版举报电话：010-59787491　E-mail：WQ @ pmph.com
质量问题联系电话：010-59787234　E-mail：zhiliang @ pmph.com
数字融合服务电话：4001118166　E-mail：zengzhi @ pmph.com

代号：**麻叔**

职责：麻醉手术旅程的“安全保障者”

术前“安检员”

术中“护航者”

3

术后“镇痛使者”

序

医学知识博大精深，人体功能错综复杂，如何通过简单的方式将生命现象解释清楚一直是医学教育工作者面临的重要难题。漫画，是一种艺术形式，是用简单而夸张的手法来描绘生活、生产和实践的图画。漫画风格虽然简练，但却十分注重意义的传达，通过幽默、诙谐的画面，揭露事物的本质。如果能够采用漫画的表现手法揭示生命现象和医学理论，将会使复杂深奥的生命本质变得深入浅出、形象易懂。

麻醉是通过药物或其他方法产生的一种中枢神经系统或周围神经系统的可逆性功能抑制，可以消除患者手术疼痛，合理控制应激和维护重要脏器功能，保证患者安全，从而为外科手术创造理想的条件。围绕着如何实施理想麻醉以及麻醉对人体各器官、系统和整体功能的短期和长期影响就构成了麻醉学的基础理论体系。这些理论对非专业读者来说无异于“天书”，如何通过漫画的表现形式将麻醉医学的复杂理论更精准而简单地呈现给大众呢？徐州医科大学麻醉学教学团队进行了有益的尝试，组织编写了《麻醉医生看生命》漫画科普丛书，包括四个分册：《生命与人体功能——奇妙的身体旅行》《生命与麻醉——拨开迷雾看麻醉》《生命与药物——小物质有大力量》《生命与脑——意识与脑的协奏曲》。丛书站在麻醉医生的角度，将漫画与文字相结合，生动形象地诠释了与我们生活息息相关的生命现象，包括麻醉状态下各器官的功能改变、麻醉药物的作用机制，以及人们普遍关注的麻醉给身体带来的影响等问题，将抽象、复杂的医学知识变得浅显易懂，使读者更乐于阅读，更便于理解。

教材是立德树人的重要载体，用心打造“培根铸魂、启智增慧”的科普教材是当代教育工作者肩负的光荣使命。在本丛书的编写过程中，徐州医科大学麻醉学教学团队始终秉承“落实立德树人根本任务、全面推进素质教育、培养创新创业人才”的重要原则，兼顾科普教材的通俗性、趣味性和实用性，用心打造了这一漫画科普丛书。

徐州医科大学创办了我国第一个麻醉学本科专业，编写了我国第一套麻醉学专业教材，构建了中国特色的麻醉学终身教育体系，2019 年获批国家首批“一流专业”建设点。麻醉学专业作为徐州医科大学的特色品牌专业，在全国麻醉学教育中具有重要位置，被誉为“中国麻醉人才的摇篮”。徐州医科大学在多年的麻醉学教育与研究工作中积累了丰富的经验，对国家麻醉学的人才培养和梯队建设做出了卓越的贡献。因此，徐州医科大学麻醉学教学团队有责任、有义务，从麻醉学的角度为广大读者描绘生命的伟大画卷，诠释生命的本质、麻醉药物的作用机制、麻醉的实施过程、麻醉可能的并发症，以及解开人们对麻醉的误解与困惑，从而帮助读者了解生命，关爱生命。本科普丛书将为满足人民群众日益增长的健康需求和对美好生活的向往提供丰富的精神食粮。

空军军医大学　教授　博士研究生导师
教育部长江学者特聘教授
科技部中青年科技创新领军人才
中国医师协会麻醉学医师分会副会长

董海龙

2023 年 1 月

前言

药物是指可以改变或查明机体的生理功能及病理状态，用以预防、诊断和治疗疾病的物质。药物是人们在长期的生产和生活实践中不断认识和发现的，因此药物与人类生命息息相关。随着现代科学技术的发展，药物的发展也突飞猛进，许多新药不断问世。药物与机体功能之间的关系错综复杂、相互影响，同一种药物可以治疗不同的疾病，而同一种疾病也可以用多种药物治疗。药物作用的多样性和作用机制的复杂性给患者带来了很多的困惑。如果能够以一种通俗易懂的方式帮助患者理解药物的作用和机制，将有助于指导患者科学用药和安全用药。

药物分子虽然很微小，进入机体却可以发挥巨大的作用，通过一系列生理和生化反应改变人体的生理功能及病理状态，可谓是“小物质有大力量”。药物在体内既可以发挥我们期待产生的治疗效应，同时又会不可避免地产生与治疗目的无关的不同程度的不良反应，因此，我们又形象地将药物称作一把“双刃剑”，而能否正确地使用药物是决定这把“双刃剑”是更多地保护我们还是对人体带来伤害的关键。随着人类文明的不断进步和人们对健康需求的持续提高，需要不断地涌现出具有科学性、通俗性、趣味性、独创性、思想性的科普图书，为人们提供更加丰富可口的精神食粮。

图文并茂是一种重要的知识呈现方式，精准的文字描述配以形象的图片说明，能够将复杂深奥的问题简单化，从而使知识更容易被理解和记忆。本书聚焦人们在生活中经常遇到的疾病和健康问题，以漫画和文字相结合的方式讲解了相关药物在其中的应用，使复杂的医学问题变得通俗易懂，便于没有医学专业背景的人群更好地理解药物与生命的关系。本书力求为“精准用药、科学用药和安全用药”提供保障，为满足人民群众对生命健康的需求和美好生活的向往增砖添瓦。

武玉清

2023年1月

目录

第一章
药物改变人体机能
—— 药物效应
2

>>>>> 一　人类持续增加的新朋友 —— 新药问世　3
二　药物是把双刃剑 —— 治疗作用与不良反应　6
三　令人爱恨交加的小分子 —— 药物与毒物　9
四　标本兼治 —— 对症治疗和对因治疗　12
五　药物“失效”了 —— 耐受性和耐药性　14
六　药物“成瘾了” —— 精神依赖性和生理依赖性　16
七　“停药”惹的祸 —— 停药反应和停药综合征　18
八　药效能无限增强吗 —— 效价强度与药物效能　20
九　同药不同效 —— 药物的生物不等效性　22

第二章
机体对药物的处理
—— 药物代谢
25

>>>>> 一　药物进入机体的途径 —— 给药方式　26
二　药物在机体内的环游 —— 吸收、分布、代谢和排泄　29
三　药物水溶性的增强 —— 代谢的两相反应　31
四　药物分布的风向标 —— 表观分布容积　33
五　用对了救命，用错了丢命 —— 心绞痛的救命药　35

六　戴上“手铐”的药物——结合型药物　37
七　跨过血脑屏障的通行证——药物脂溶性　39
八　一对“冤家”——吃药不喝酒，喝酒不吃药　41
九　药物在体内消除的时间——恒比消除　44
十　药物有效治疗疾病的保证——稳态血药浓度　46
十一　“快速起效”的法宝——首剂加倍　49
十二　“交友不慎”——药物配伍禁忌　52
十三　孤掌难鸣——单次服药的缺陷　55
十四　坚持就是胜利——持续有效用药　58

第三章
胆碱能神经和肾上腺素能神经
——外周神经
61

>>>>>　一　解救农药中毒——阿托品和解磷定双管齐下　62
二　抢救敌敌畏中毒的关键——解除呼吸困难　65
三　精准验光——扩大瞳孔　67
四　过犹不及——持久去极化诱导的肌肉松弛　70
五　捕猎奥秘——筒箭毒碱诱发的动物瘫软　72
六　消化道出血的救星——口服去甲肾上腺素　74
七　强心神药——肾上腺素　76
八　哮喘不宜——普萘洛尔　79
九　瘫软如泥——骨骼肌松弛药　81
十　便秘的烦恼——阿托品导致排便困难　83

第四章

人体司令部
—— 中枢神经

85

>>>>>> 一 失眠不用怕，催眠有良药 —— 地西泮 86
二 帕金森病的“祸根” —— 多巴胺匮乏 89
三 跟随环境变化的体温 —— 氯丙嗪的体温调节 91
四 人类也会“冬眠” —— 低温麻醉与人工冬眠 94
五 “百忧解”解百忧 —— 氟西汀的抗抑郁作用 96

第五章

麻醉药的前世今生
—— “麻”药总论

99

>>>>> 一 麻醉发展史上消失的明珠 —— 麻沸散 100
二 近代麻醉的里程碑 —— 乙醚 103
三 由简单粗暴到精准麻醉 —— 全身麻醉的发展史 106
四 液体也能气管吸入 —— 挥发性液态全身麻醉药 108
五 良药“不”苦口 —— 吸入麻醉药 110
六 大手拉小手 —— 第二气体效应 112
七 吸入麻醉药的效价强度 —— MAC 114
八 麻醉和苏醒速度的控制 —— 血气分配系数 116

第六章

为外科创造理想的手术条件
—— 麻醉药理

118

>>>>> 一 丙泊酚进出大脑的通行证 —— 脂溶性 119
二 肥胖导致术后苏醒延迟 —— 全身麻醉药在脂肪组织蓄积 121
三 机制相同，效应不同 —— 利多卡因的局部麻醉和抗心律失常作用 124
四 从气道到大脑 —— 七氟烷的必经之路 126
五 为全身麻醉手术保驾护航 —— 阿托品 128
六 殊途同归 —— 局部麻醉药的各种麻醉方式 131
七 神奇的“吐真药” —— 麻醉镇静剂 134
八 奇怪的分离麻醉 —— 氯胺酮 137
九 麻醉药也能治疗抑郁症 —— 氯胺酮快速抗抑郁 139
十 会穿“墙”的气体 —— 七氟烷 146

第七章

围手术期的不良反应
—— 麻醉毒理

148

>>>>> 一 只麻醉妈妈，不麻醉宝宝 —— 剖宫产麻醉药物的选择 149
二 体位正确了，麻醉才安全 —— 局部麻醉药的椎管内麻醉 151
三 麻醉安全的守护神 —— 麻醉深度监测 152
四 细思极恐的术中知晓 —— 全身麻醉药剂量要足够 154

五　不该产生的全身作用——局部麻醉药的中枢神经毒性　157
六　手术后变“傻”了——术后认知功能障碍　159
七　手术后变“迷糊”了——术后谵妄　162
八　杀死迈克尔·杰克逊的凶手——丙泊酚　164
九　致命的不良反应——丙泊酚的呼吸抑制效应　166
十　谨防血压骤降——丙泊酚的循环抑制作用　168
十一　我的外号叫 K 粉——氯胺酮　170

第八章
人类向往的无痛世界
——镇痛药物
172

>>>>> 一　天赐神药——吗啡的诞生　173
二　揭开神秘的面纱——吗啡的镇痛机制　175
三　容易上瘾，请勿滥用——吗啡的成瘾性　177
四　越镇痛越疼痛——吗啡与胆绞痛　179
五　癌症剧痛的克星——吗啡　182
六　用了镇痛药反而更痛了——阿片类药物的致痛效应　184
七　镇痛药怎么失效了——吗啡的耐受性　186
八　再也不怕顺产了——局部麻醉药用于分娩镇痛　188
九　告别不适的胃肠检查——无痛胃肠镜　191
十　“一箭三雕”的解热镇痛抗炎药——阿司匹林　193
十一　牙痛镇痛明星——双氯芬酸钠　195
十二　护胃使者——肠溶片　197

第九章
循环系统的安全卫士
——心血管系统药物
199

>>>>>> 一　心跳太快了怎么办——维拉帕米　200
二　心跳太快雪上加霜——硝苯地平　202
三　心脏补钙——地高辛的强心作用　205
四　心率魔术师——地高辛诱发心律失常　207
五　没有痰液的咳嗽——卡托普利　209
六　都是尿酸惹的祸——氢氯噻嗪诱发痛风　212
七　消肿利器——甘露醇　214
八　降压药也能降血糖——卡托普利的降糖效应　216
九　排尿也能治疗高血压——利尿药的降压效应　217
十　为高血压患者保驾护航——降压药的用药原则　219
十一　改善心肌缺血的黄金搭档——心绞痛的联合用药　221

第十章
人类与病原体的不懈斗争
——化学治疗药物
224

>>>>>> 一　适者生存——肿瘤耐药性　225
二　不可逆的黄牙畸形——四环素的牙齿发育毒性　228
三　扭曲的骨骼——四环素导致的骨骼发育畸形　229
四　能够救命的皮试——青霉素过敏性休克　231
五　灰色的婴儿——氯霉素诱发的灰婴综合征　233
六　大脑黄疸——磺胺药诱发的新生儿核黄疸　234

生命 Life

and 与 药物

第一章

药物改变人体机能

——药物效应

>>>>>>>>>

一、人类持续增加的新朋友

——新药问世

为了提高药物的疗效和安全性，需要不断地研发新药。每一种新药的问世都经历了严格的筛选、动物实验和临床试验。

首先，确定新药的作用靶点，基于受体或配体结构进行计算机虚拟分子设计和筛选，发现和优化先导化合物，经过优化制备工艺和质量控制，从而获得候选药物。

其次，利用健康或疾病模型实验动物，在**进行新药的药效学、毒理学和药代动力学等研究**之后，方可进入临床试验的申请和审批。

再次，临床试验一般分为3期，Ⅰ期临床试验一般需要招募20～100例健康志愿者初步评价新药的安全性和用药剂量，包括耐受性试验和药代动力学研究，了解药物在人体内吸收、分布、消除的规律，为制定给药方案提供依据，以便进一步进行治疗试验。Ⅱ期临床试验需要招募多于100例的患病志愿者，初步评价药物对患者的治疗作用和安全性。Ⅲ期临床试验需要招募多于300例的患病志愿者，进一步验证新药对目标适应证患者的治疗作用和安全性，评价利益与风险关系，最终为药物注册申请和生产提供充分的依据。

最后，经过新药临床试验审批和新药生产上市审批后，研发的新药才能正式进入临床使用。新药上市后仍需进一步考察其疗效和不良反应，此阶段也被称为Ⅳ期临床试验。

>>>>>>>>>

二、药物是把双刃剑

——治疗作用与不良反应

药物是指能够影响机体生理功能、生化和病理过程，用以预防、诊断及治疗疾病的物质。但是在使用药物治疗疾病时常常会伴随一些与用药目的无关并且给患者带来不舒适或痛苦的效应，也就是药物的不良反应。

药物的不良反应主要包括：副作用、毒性作用、后遗效应、过敏反应、停药反应和特异质反应，也包括致癌、致畸和致突变等特殊毒性反应。

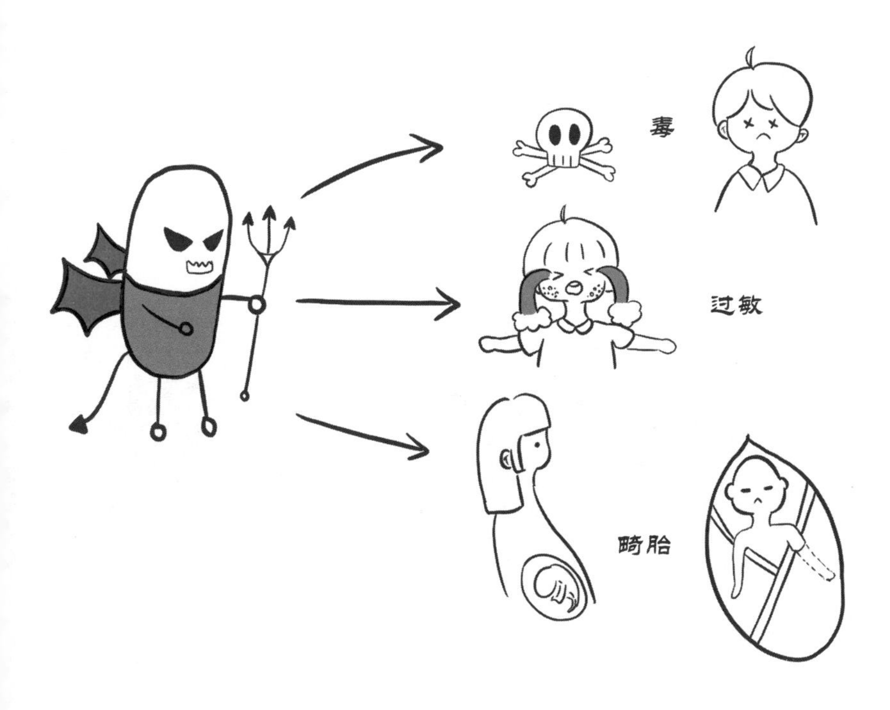

药物可以治疗疾病，也可以导致疾病，无任何不良反应的药物是不存在的，因此药物是一把双刃剑，只有科学合理地使用才能更好地发挥药物的治疗作用和降低药物的不良反应。

>>>>>>>>>

三、令人爱恨交加的小分子

——药物与毒物

药物（drug）是指能够影响机体生理功能、生化反应或病理过程，用以预防、治疗及诊断疾病的物质，主要包括天然药物、化学合成药物和基因工程药物。

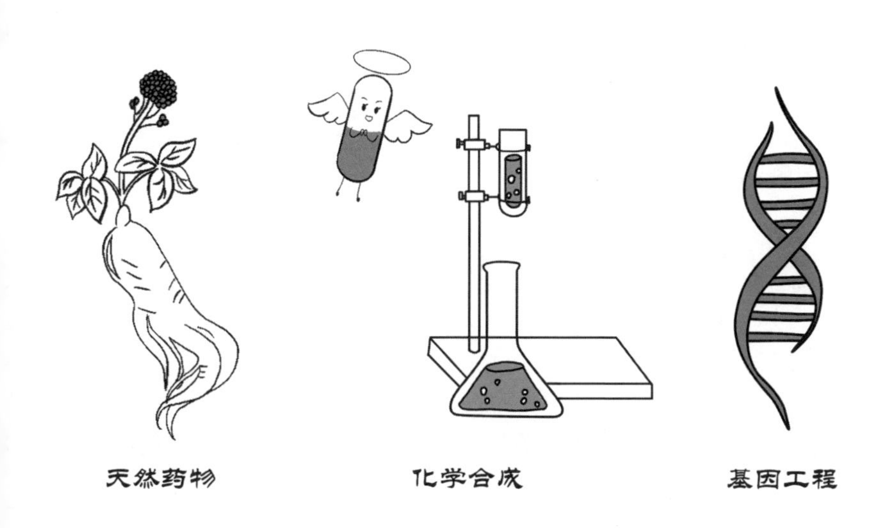

毒物（toxicant）是指在较小剂量时就能够损害机体功能或产生器质性损害，甚至危及生命的物质，例如砒霜、汞化物、氰化物等。

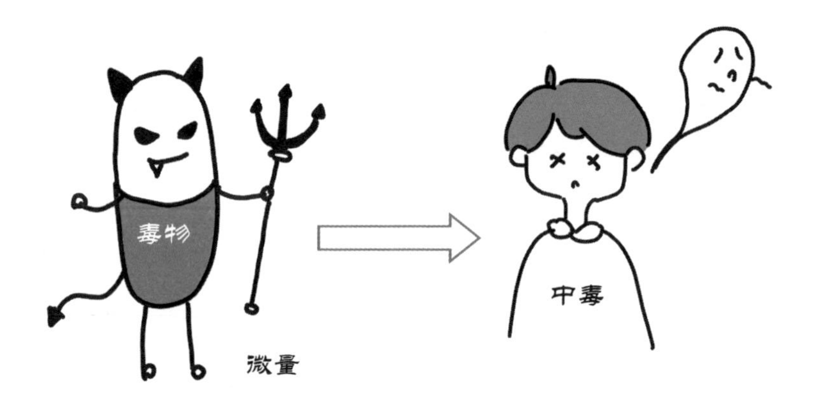

药物与毒物并没有绝对的界限，只是相对而言的。任何药物使用剂量过大时均可产生毒性反应；反之，一些毒性很强的毒物，如砒霜、汞化物、氰化物、蛇毒等，有时也可以在临床上小剂量应用。某些药物的致畸、致癌和致突变等特殊毒性反应，即使剂量正常或较小时也可能发生。

世界上没有绝对无毒的物质，有毒的物质也并非绝对不可应用，
我们应该严格把握药物和毒物的使用剂量，防患于未然。

>>>>>>>>>

四、标本兼治

——对症治疗和对因治疗

使用药物治疗疾病时可以分为对症治疗和对因治疗。对症治疗是指用药的目的在于改善疾病的症状，也称为治标。对症治疗只能改善症状，不能根除病因，比如镇痛药止痛、解热药退热、硝酸甘油缓解心绞痛等。

对因治疗的用药目的在于消除原发致病因素，彻底治愈疾病，也称为治本，例如抗生素消除体内致病菌等。

目前临床上很多疾病还无法彻底去除致病原因，只能使用药物改善症状，有时候对症治疗可能比对因治疗更为迫切。**我们应该正确掌握药物治疗原则：急则治其标，缓则治其本，标本兼治。**

标本兼治

>>>>>>>>>>

五、药物“失效”了

——耐受性和耐药性

耐受性是指人体对药物反应性降低的一种状态，包括先天性耐受和后天获得性耐受。先天性耐受是指人体对药物的耐受性可长期保留，多与这类患者体内某些药物代谢酶过度活跃有关。获得性耐受往往是连续多次用药后诱发的，增加药物剂量后仍可能达到原有的效应，停止用药一段时间后，其耐受性可以逐渐消失，恢复到对药物的原有反应水平。

耐药性又称抗药性，是指病原体或肿瘤细胞对化学治疗药物的敏感性降低或产生抵抗，可分为天然耐药性和获得耐药性。

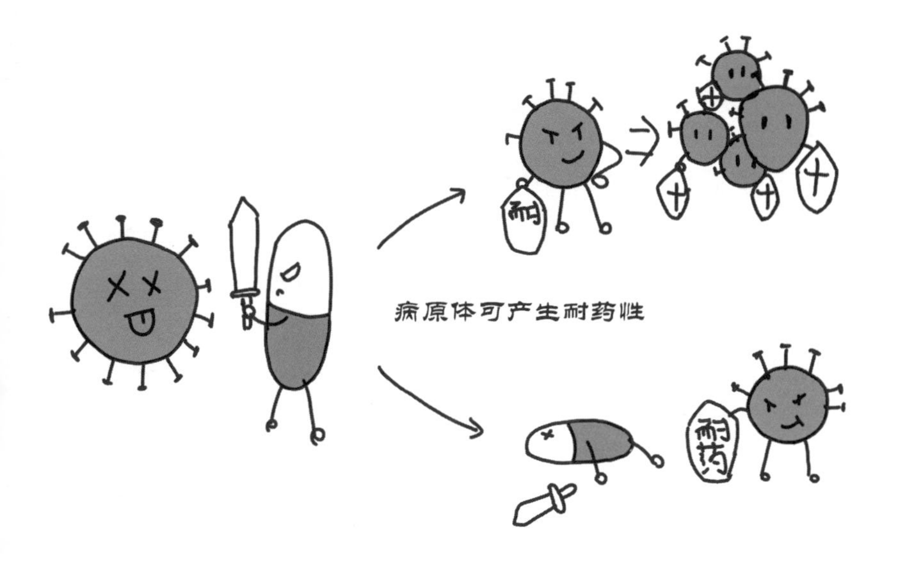

获得耐药性是病原体或肿瘤细胞产生耐药的主要方式。滥用化学治疗药物是导致获得耐药性产生的主要原因。**为了减慢病原微生物产生耐药性的速度，我们应该杜绝滥用抗生素，科学、合理、精准和安全地使用化学治疗药物。**

六、药物“成瘾了”

——精神依赖性和生理依赖性

一些作用于中枢神经系统的物质连续应用后可产生依赖性。药物依赖性一般是指在长期应用某种药物后，机体对这种药物产生了精神性或生理性的依赖和需求。**精神依赖性**（psychological dependence）又称为心理依赖性，是需要药物缓解精神紧张和情绪障碍，但无耐受性和停药综合征的一种依赖性。

精神依赖性表现为对药物的渴求

生理依赖性(physiological dependence)也称躯体依赖性(physical dependence)，是指其生理功能对药物产生了依赖，具有精神依赖性的表现和耐受性证据，停药后产生戒断综合征反应。

生理依赖性可产生戒断症状

麻醉精神类药物的滥用和吸食毒品是引起依赖性并引发严重社会问题的原因，我们应该**拒绝滥用药物，抵制接触毒品，防止药物依赖，同时加强身体锻炼。**

七、“停药”惹的祸

——停药反应和停药综合征

长期连续使用某些药物可使机体对药物的存在产生适应性。如果骤然停药，可能会引起疾病恶化或全身功能紊乱。这种突然停药导致的不良反应包括停药反应和停药综合征。**停药反应**（withdrawal reaction）是指患者长期应用某种药物，突然停药后原有疾病症状加剧恶化的现象。例如长期应用降糖药治疗糖尿病，骤然停药可导致血糖水平急剧升高。**停药综合征**是指机体长期连续使用某些药物时，在突然停药后，不仅会导致原有疾病的症状加剧，而且还会出现原有症状以外的不适，甚至出现全身功能紊乱。例如吸食毒品后产生的戒断综合征，可以表现为全身各器官系统的不适和痛苦体验。

因此，**恰当停药是合理用药的重要方面，为避免出现明显的停药反应和停药综合征，应采取逐渐减量的办法来过渡，从而达到完全停药的目的，以免发生意外。**

>>>>>>>>>

八、药效能无限增强吗
——效价强度与药物效能

评价药物的效应常常用效价强度和药物效能这两个指标。效价强度是指不同药物之间等效剂量差异的比较，也就是能引起等效反应（一般采用 50% 最大效应）所需要的药物相对浓度或剂量。其值越小则强度越大，反之用药量越大则效价强度越小。

随着药物剂量或浓度的增加，药物的效应也随之增强，当药物的效应增强到一定程度后，此时再增加药物的剂量或浓度，药物的效应也不再进一步增强，反而有可能使其毒性反应增强，此时的药物效应称为药物的最大效应，也称为效能。

因此，**效价强度和药物效能虽然均能反映药物的药理效应，但是也反映药物的不同性质**，二者具有不同的临床意义，也没有必然的联系。

>>>>>>>>>

九、同药不同效

——药物的生物不等效性

如果不同药品含有同一有效成分，而且使用的剂量、剂型和给药途径均相同，则它们在药学方面是等同的。如果两个药学等同的药品，它们所含的有效成分的生物利用度无显著差异，则称为生物等效性。

生物等效性

但是实际上很多情况下药学等同的两个药品，它们所含有效成分的吸收速度与程度具有较大的差异，即生物利用度具有显著差别，这种情况称为药物的生物不等效性。

导致生物不等效性的因素包括药物的晶型、颗粒、理化性状、生产工艺和质量控制等，药物的生物不等效性应引起临床重视。

第二章

机体对药物的处理

——药物代谢

>>>>>>>>>

一、药物进入机体的途径

——给药方式

药物只有进入机体的血液循环才能分布到各器官组织细胞内发挥药理效应，从给药部位到进入血液循环的过程称为药物的吸收过程，给药部位的不同决定了药物的不同给药途径。临床治疗过程中，我们可以根据药物的理化性质、剂型、组织对药物的吸收情况、肝的首过消除及治疗需要而决定具体的给药途径。

>>>>>>>>>

给药途径主要包括：①口服：最常用、最安全、最方便的给药方法，但是起效慢，有明显的首过消除。②舌下含服：舌下吸收快，可迅速产生治疗效果。③呼吸道吸入：气体或挥发性药物的主要给药方式。④经皮给药：脂溶性药物可经皮肤吸收。⑤直肠给药：可部分避免肝的首过消除，但直肠吸收不规则、不完全。⑥注射（皮下注射、肌内注射、静脉注射、动脉注射）：吸收完全，起效迅速，但增加了发生不良反应的可能性。

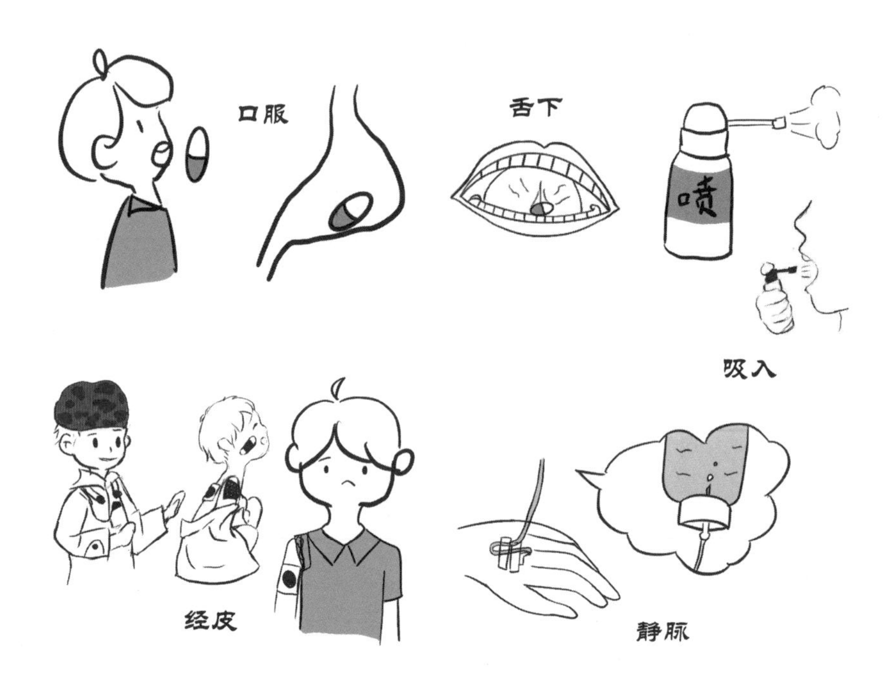

我们应该根据病情需要并结合药物的性质，在医生的指导下选择最佳的给药途径，确保科学、安全和精准用药。

>>>>>>>>>

二、药物在机体内的环游
——吸收、分布、代谢和排泄

药物从给药部位开始，经过吸收、分布、代谢和排泄，不停地在机体内环游，直至排出体外。药物吸收是指药物分子自给药部位进入血液循环的过程。**药物分布**是指进入血液的药物通过血液循环被运送到身体各个不同的器官组织，最后跨膜转运至组织细胞内。

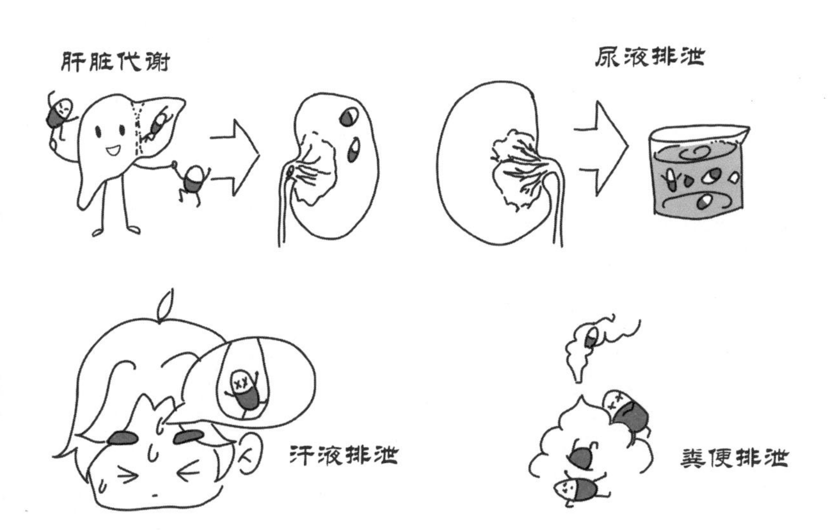

药物代谢是指机体内的药物经过肝等代谢器官和代谢酶的作用发生分子结构的改变，从而失去原有药物的药理活性，也称为生物转化。**药物排泄**是指经过代谢的药物或原形药物经过肾和肠道等排泄器官随尿液和粪便排出体外的过程。

一般将吸收和分布称为药物在体内的转运，而将代谢和排泄称为药物的消除。虽然这四个过程有一定的先后顺序，但是自从药物进入机体内的那一刻，这四个过程便同时进行。我们把药物在机体内的变化和变化规律称为药物代谢动力学。药物代谢动力学是指导临床科学、精准和安全用药的重要理论依据。

>>>>>>>>>

三、药物水溶性的增强

——代谢的两相反应

药物进入机体发挥治疗效应有助于疾病向健康状态转归，完成使命后需要及时灭活并从体内排出体外。药物水溶性的增强是加速药物及其代谢产物排出体外的重要条件，而肝代谢是增强药物及其代谢产物水溶性的重要途径。

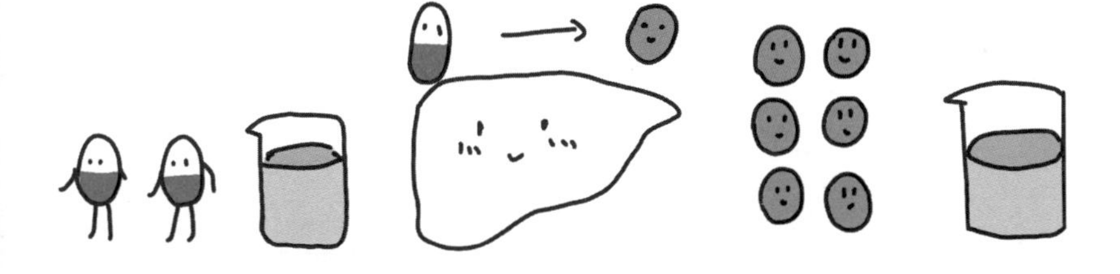

肝代谢使药物水溶性增强

药物在肝的代谢经历了两相反应，经过代谢的药物不仅改变了原有的药理活性，而且大大增强了其水溶性。**药物代谢的第一相为氧化（oxidation）、还原（reduction）或水解（hydrolysis）反应；第二相为结合（conjugation）反应。**第一相反应主要使药物灭活，并初步增加其水溶性；第二相反应再经肝微粒体的各种结合酶系催化第一相的代谢中间产物与葡萄糖醛酸或乙酰基、甘氨酸、硫酸等结合，进一步增强其分子极性和水溶性，从而为肾小球滤过、排泄做了充分的准备。

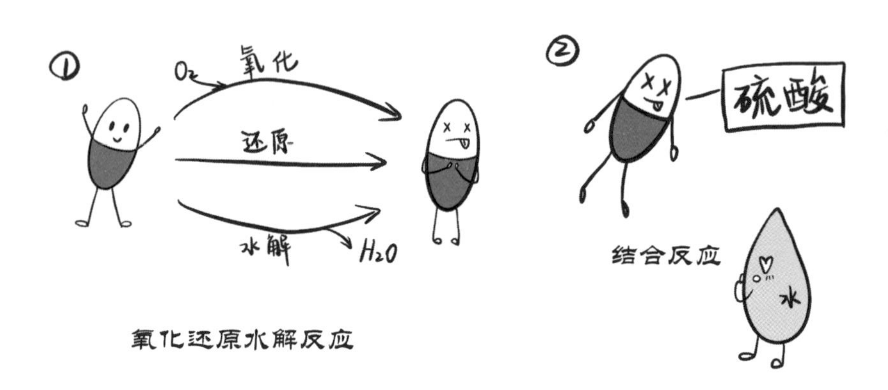

>>>>>>>>>

四、药物分布的风向标

——表观分布容积

药物表观分布容积（apparent volume of distribution，Vd）是指当血浆和组织内药物分布达到平衡后，体内药物总量按此时的血浆药物浓度在体内分布时所需要的体液容积。**计算公式：Vd=给药量 × 生物利用度 / 血浆药物浓度。**

Vd 是一个假想的理论容量，表示按照分布平衡时的血药浓度均匀分布机体内全部药量所需的体液容积，而并非药物在体内真正占有的体液容积，也不代表真正的生理性容积。

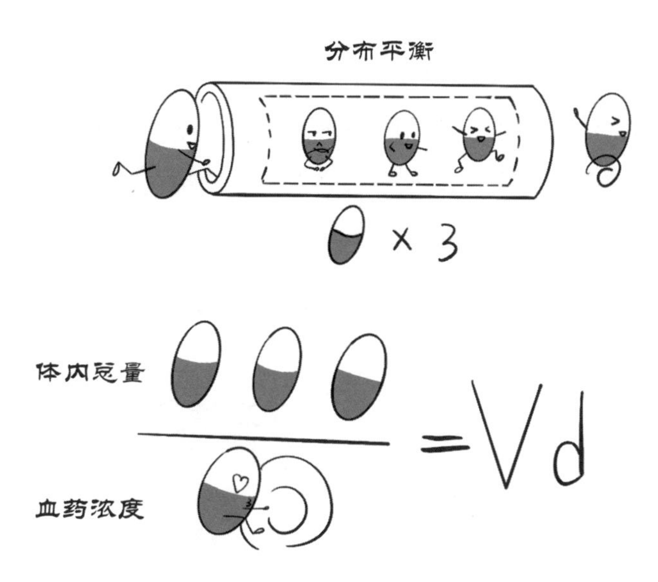

Vd 数值的大小可以反映药物在体内分布及与血浆蛋白结合的情况，故它有重要的临床意义。Vd 数值越大，提示该药物在器官组织内的分布越多，而在血浆中的含量越少。有些药物与血浆蛋白的亲和力较弱，而与组织蛋白的亲和力很强，导致多数药物分布在组织内，而血浆药物浓度极低，因此，表观分布容积远远大于机体的生理性容积，表现为“巨大”的药物表观分布容积。

血浆蛋白结合越少则Vd越大

>>>>>>>>>

五、用对了救命，用错了丢命

——心绞痛的救命药

硝酸甘油（nitroglycerin）是冠心病心绞痛发作时最常用的急救药之一，通过舒张冠状动脉血管，增加心肌供血，迅速缓解心绞痛症状。但是硝酸甘油用对了救命，用错了丢命，硝酸甘油的用药注意事项应引起足够的重视。

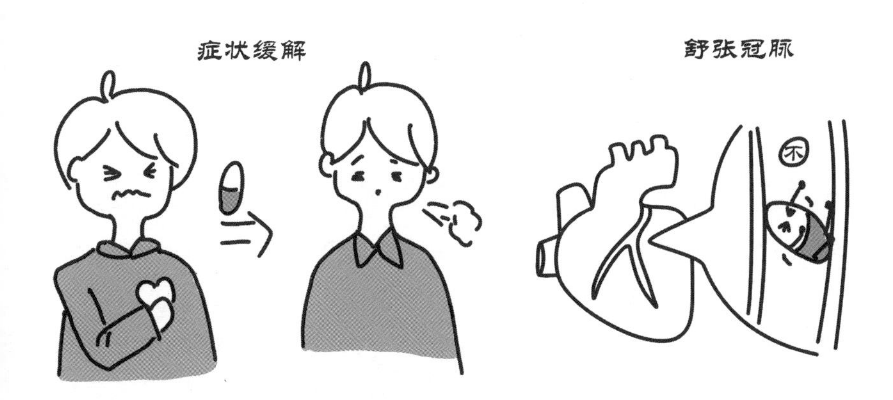

首先，硝酸甘油的肝首过消除明显，口服生物利用度低，因此需要通过舌下含服用药，不仅能够快速吸收，而且能够避开肝的首过消除，迅速起效。其次，硝酸甘油大剂量或长期服用易产生耐受性，应使用能有效缓解急性心绞痛的最小剂量，一般需要间隔 5 分钟后再次给药 1 次，如果 15 分钟内 3 次舌下给药后心绞痛仍未缓解，应怀疑心肌梗死，必须立即就医。另外，要确保药物的有效性，硝酸甘油在阳光照射下易发生变性，所以，应该用不透光的瓶子保存，并定期检查药物有效期。

总之，**虽然硝酸甘油是心绞痛发作的急救药，但并不是万能药，应该正确慎重应用，方可起到救命效果。**

>>>>>>>>>>

六、戴上“手铐”的药物

——结合型药物

药物吸收进入血液循环后可以与血浆蛋白结合，从而由游离型的药物变为结合型的药物。与药物结合的“血浆蛋白”就像一副“手铐”，暂时限制了药物的自由。

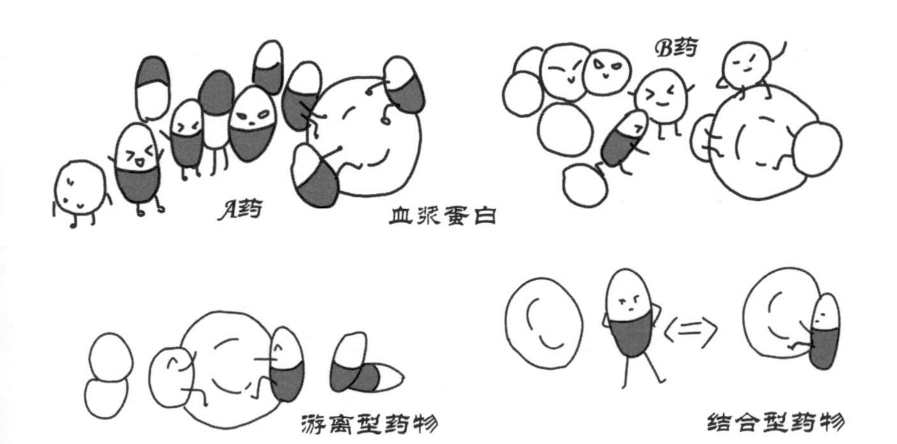

结合型药物的特点包括：①暂时失去药理活性；②不能跨毛细血管从血液中分布至组织细胞中，从而暂时“储存”于血液中；③不能通过肾小球滤过至原尿中；④不能被肝正常代谢；⑤药物与血浆蛋白的结合是可逆的，结合型药物可以与血浆蛋白分离重新变回游离型药物，从而恢复原有的药理活性；⑥药物与血浆蛋白的结合是非特异性的；⑦血浆蛋白的数量以及与药物结合的位点有限，两种药物可能竞争性与同一血浆蛋白结合而发生置换现象，这取决于两种药物与血浆蛋白的亲和力差异。例如保泰松与双香豆素竞争血浆蛋白，使后者游离型药物浓度增高，诱发出血。

药物与血浆蛋白的结合具有重要的临床意义，由于血浆蛋白结合率高的药物在体内消除慢，因此，**结合型药物可延长药物在体内的存留时间，即结合率越高，药物在体内的作用持续时间就越长。**

七、跨过血脑屏障的通行证

——药物脂溶性

血脑屏障是指血液与脑细胞以及血液与脑脊液之间的屏障，它主要由中枢神经系统毛细血管内皮细胞间紧密连接、基底膜和包绕毛细血管壁的星形胶质细胞足突构成。**血脑屏障能防止毒素及其他有害物质进入脑内损害神经细胞，同时又能保证输送脑代谢所需物质的进入和代谢产物的排出，使内环境相对稳定，以维持神经细胞的正常功能。**

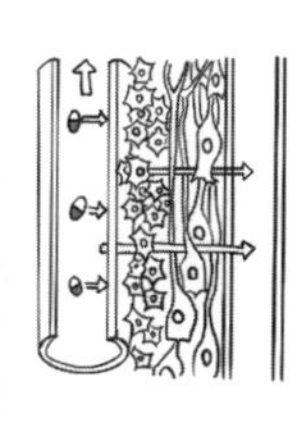

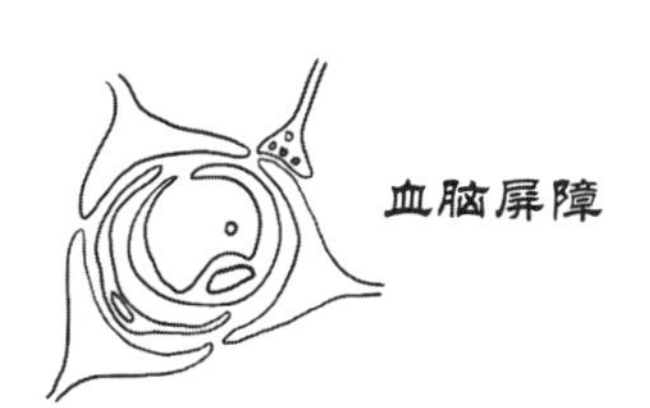

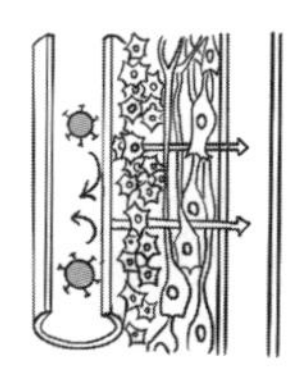

血脑屏障只能允许脂溶性强的药物进入脑组织，比如丙泊酚、七氟烷等全身麻醉药；而水溶性强的药物很难通过血脑屏障进入大脑发挥药理作用，比如青霉素等抗生素。为了促进药物进入大脑发挥治疗效应，可以将药物加以结构改造，使之脂溶性增强，从而更容易进入脑组织。例如，巴比妥是一种中枢神经麻醉药，但其亲脂性弱，故进入脑组织很慢，如改造成苯巴比妥，由于具有较强的亲脂性，则能更容易通过血脑屏障进入脑组织，快速发挥其催眠麻醉效应。因此，“脂溶性”是药物跨过血脑屏障进入中枢神经系统的通行证。

水溶性药物难以通过屏障

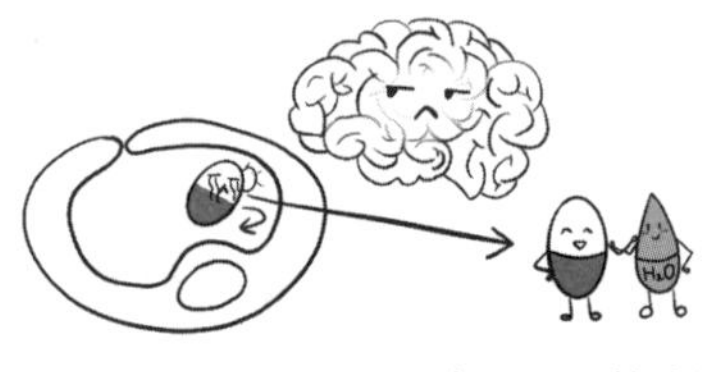

水溶性药物

脂溶性药物易于通过屏障

脂溶性药物

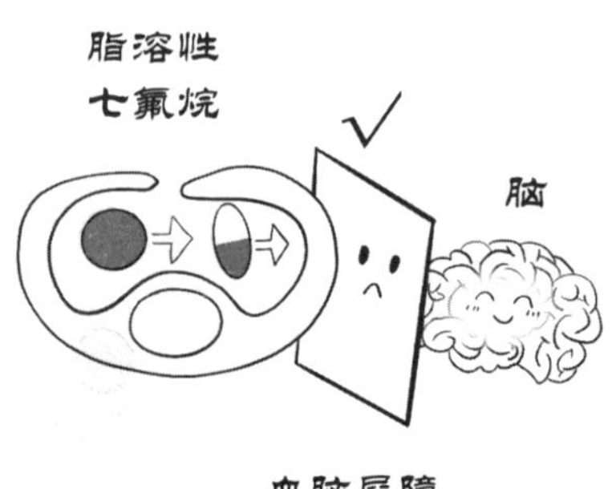

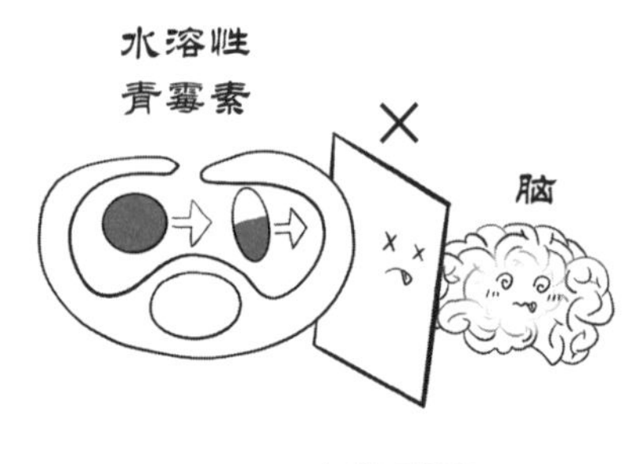

然而病理情况下血脑屏障通透性可以增加，细菌毒素和外源化学物可以进入脑组织产生不良作用。**胎儿和婴幼儿血脑屏障发育不完全，因此要特别注意用药安全。**

>>>>>>>>>

八、一对“冤家”

——吃药不喝酒，喝酒不吃药

吃药后为什么不能饮酒呢？这是生活中大家经常会有的疑惑。要解释这个问题还要从一类药物“双硫仑”说起。双硫仑（disulfiram）是一种用于戒酒的药物，应用本药后再饮酒会出现恶心、呕吐、恐惧等严重反应，使酗酒者惧怕饮酒，从而起到戒酒作用。

双硫仑抑制肝脏对酒精的代谢

双硫仑样反应

双硫仑药物的戒酒机制与乙醇的代谢有关。乙醇进入体内，先在肝内经乙醇脱氢酶作用转化为乙醛，乙醛再经肝细胞内乙醛脱氢酶作用，转化为乙酸，最终转化为二氧化碳和水排出体外。而双硫仑可显著抑制乙醛脱氢酶的活性，使乙醛不能转化为乙酸，致使体内乙醛蓄积，导致血管扩张，反射性引起交感神经兴奋，出现血管运动性和神经精神性表现。可表现为皮肤潮红、血压下降、头晕头痛、心慌胸闷、呼吸困难、恶心呕吐、腹痛腹泻、狂躁谵妄、烦躁不安等症状，严重者可出现休克甚至死亡。这一组综合征称为“双硫仑”样反应。

目前临床上使用的很多药物，例如头孢类抗生素、硝基咪唑类药物等，其化学结构或作用机制与双硫仑相似，可诱发饮酒者产生双硫仑样反应。因此，**为了确保用药安全和药物疗效，应避免“用药后饮酒”和“饮酒后用药”。**

>>>>>>>>>>

九、药物在体内消除的时间

——恒比消除

单次服药时由于血液药物浓度较低，此时按照“一级消除动力学”进行药物消除，即“恒定比例消除”。**大约需要 5 个半衰期（$t_{1/2}$）能基本消除完毕**。例如一种药物的半衰期（$t_{1/2}$）是 4 小时，那么大约经过 20 小时后体内药物基本消除完毕。

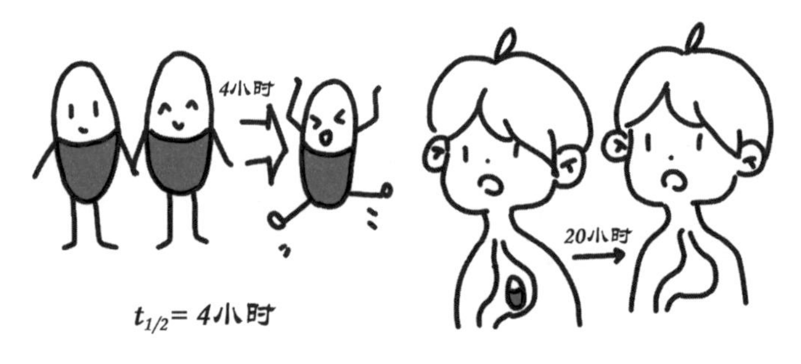

一级消除动力学即恒比消除

影响药物半衰期的因素很多，比如老年人和婴幼儿的肾小球滤过功能较低，药物消除半衰期会相应延长；肝功能和肾功能损害的患者，药物的代谢和排泄速度通常会减慢，药物消除半衰期也会延长；甲状腺功能亢进（简称甲亢）患者的基础代谢率较高，药物消除半衰期会相应缩短；另外，不同种类的药物以及饮酒或者喝浓茶，也是影响药物在体内消除半衰期的重要因素。以上因素均是改变单次服药时体内药物基本消除完毕所需时间的重要原因。

老人、婴儿$t_{1/2}$延长

肝功能不全患者$t_{1/2}$延长

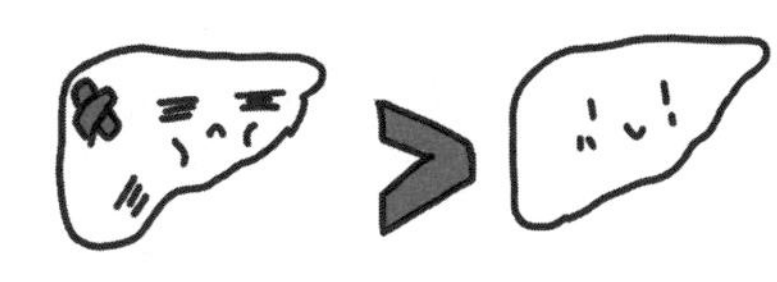

甲亢患者$t_{1/2}$缩短

茶、酒影响$t_{1/2}$

>>>>>>>>>

十、药物有效治疗疾病的保证
——稳态血药浓度

稳态血药浓度（steady state concentration，Css）是指当药物吸收进入血液的速度等于消除速度时，此时的血药浓度维持在一个基本稳定的水平，称为稳态血药浓度。稳态血药浓度具有重要的临床意义，是保证药物充分发挥治疗效应的重要条件。

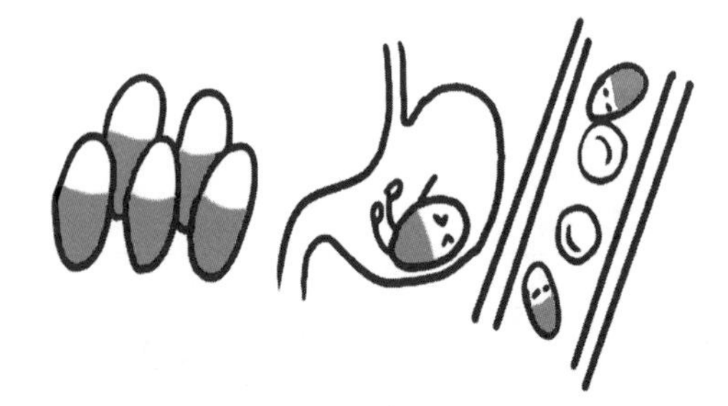

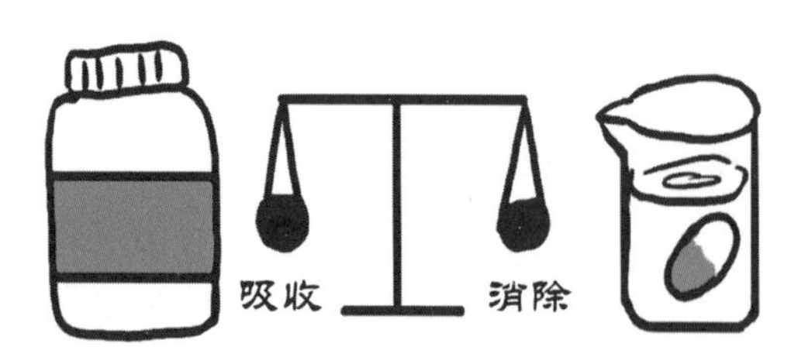

药物恒量重复给药时，达到稳态血药浓度的时间仅决定于半衰期（$t_{1/2}$），经过4～5个半衰期（$t_{1/2}$）方可达到稳态血药浓度。对于一个半衰期不变的药物，改变给药剂量或给药间隔时间或给药途径，均不能改变稳态血药浓度到达的时间，但是稳态血药浓度的大小却可以随着一天给药总剂量的改变而变化。一天内给药总剂量大，稳态血药浓度高；反之则稳态血药浓度低。

为了尽快达到维持剂量的稳态血药浓度，常常使用首次剂量加倍的负荷剂量给药，这样仅需一个半衰期便可达到维持剂量的稳态血药浓度，然后从第二次给药开始再继续用维持剂量维持其稳态血药浓度。**首剂加倍的给药方法对于快速到达治疗靶浓度具有重要的临床意义。**

>>>>>>>>>

十一、"快速起效"的法宝

——首剂加倍

在药品的使用说明书上，我们常常会看到"首剂加倍"这四个字，那么建议患者首次用药剂量加倍的目的何在呢？一般情况下，我们通常用恒定的药物剂量反复多次用药来治疗疾病，这个恒定的剂量我们称之为治疗的维持剂量，使用维持剂量给药需要约 5 个半衰期才能达到稳态血药浓度（有效治疗靶浓度）。对于某些危急病症来说，5 个半衰期的时间显然太长了，会延误最佳的治疗时机。而如果首次用药时我们选用 2 倍的维持剂量，只需要 1 个半衰期便可到达维持剂量耗时 5 个半衰期才能达到的稳态血药浓度，随后再继续使用维持剂量来保持稳态血药浓度，这对于及时缓解某些危急病症是非常有利的，这个 2 倍的维持剂量就是所谓的"首剂加倍"。

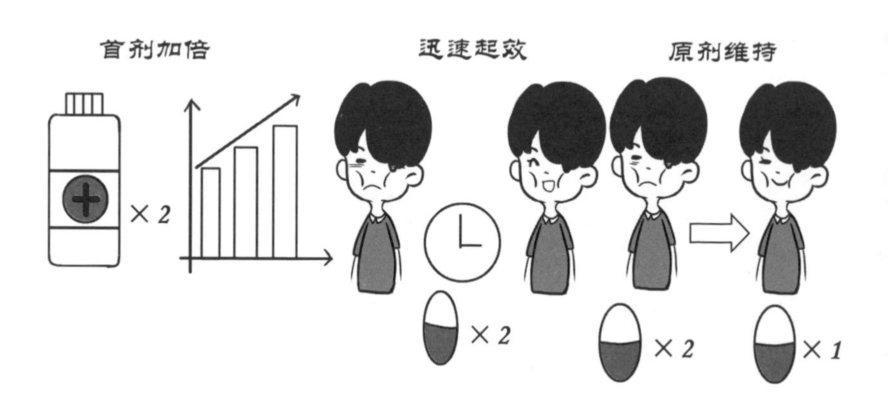

并不是所有药物都适合“首剂加倍”。有些药物的安全范围很小，有效治疗剂量接近于最低中毒剂量，此时如果首剂加倍很容易产生血药中毒浓度，因此**安全范围窄的药物不适宜首剂加倍给药方法**。我们在临床用药时要严防因剂量过大导致的药物毒性反应，因此一定要严格遵守药品使用说明书或医嘱才能采用“首剂加倍”的给药方法。

不宜首剂加倍

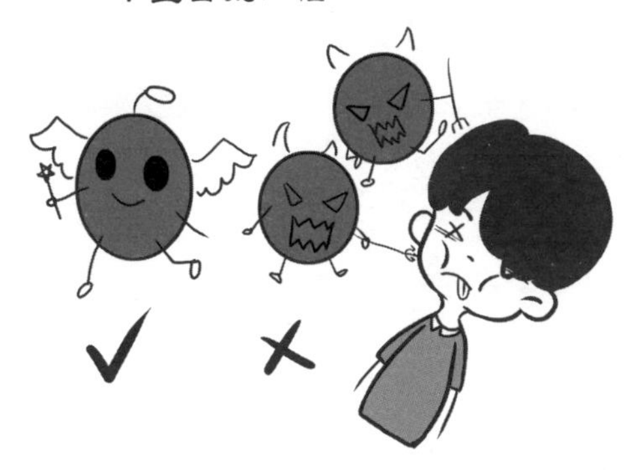

药物安全范围窄

可以首剂加倍

药物安全范围大

十二、“交友不慎”

——药物配伍禁忌

你们知道为什么有些药物不能混合使用吗？这就要从药物的配伍禁忌说起了。配伍禁忌是指有些药物在体外配伍，可以直接发生物理性的或化学性的相互作用，从而影响药物疗效甚至发生毒性反应。因此，**联合用药一定要“找对朋友”**。

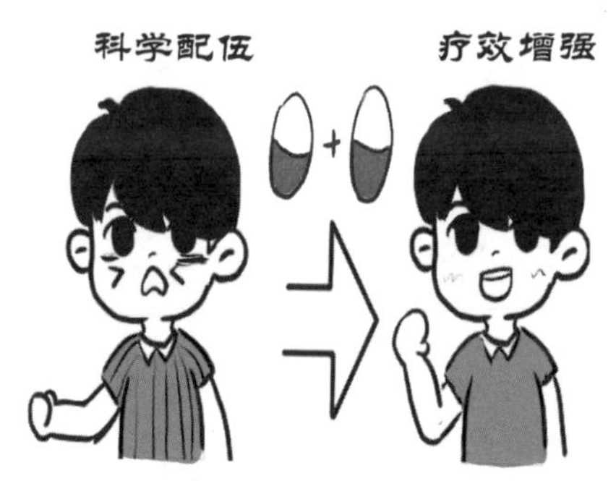

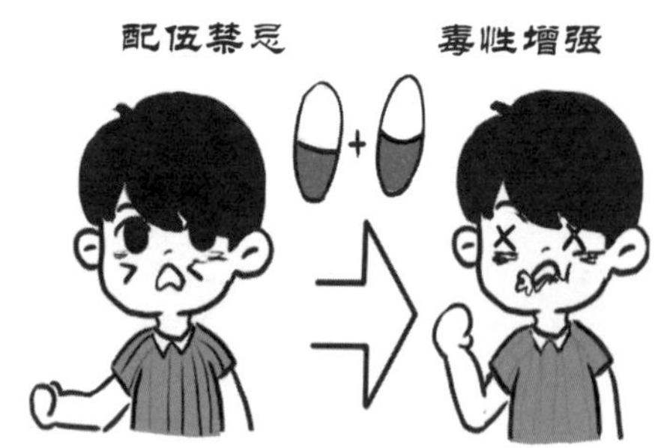

物理性配伍禁忌是某些药物配合在一起会发生物理变化，即改变了原先药物的溶解度、外观形状等物理性状。物理性配伍禁忌常见的有水溶剂与油剂的分离、药物析出产生沉淀、结晶水析出发生潮解及熔点降低而使固体药物液化。化学性配伍禁忌即某些药物配合在一起会发生化学反应，不但改变了药物的结构和性状，更重要的是使药物减效、失效或毒性增强，甚至引起燃烧或爆炸等。化学性配伍禁忌常见的有药物变色、产气、沉淀、水解、燃烧或爆炸等。

因此，在临床用药过程中，应充分了解所用药物的结构和性质，严防药物之间在体外发生物理和化学反应，以科学用药的原则确保安全用药。

>>>>>>>>>

十三、孤掌难鸣

——单次服药的缺陷

生病了往往需要吃药去除病痛，可是不正确的服药方法不仅不能缓解病痛，而且可能会导致不良反应和诱发耐药性。**要想实现药物的有效治疗效应，必须保证血药浓度达到最低治疗浓度并保持在稳定的血药浓度水平。**

未达到最低有效血药浓度

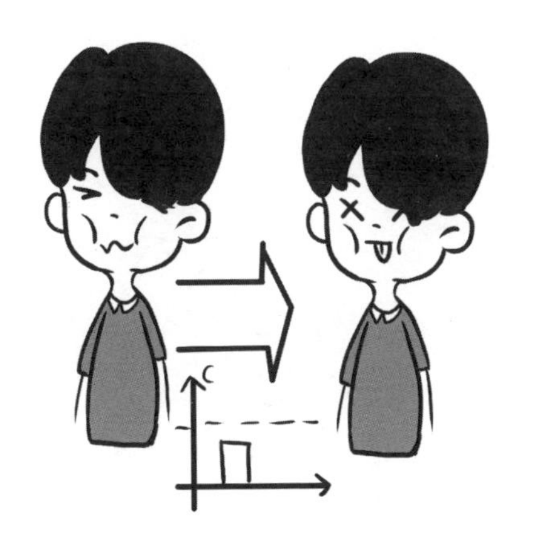

达到最低有效治疗浓度

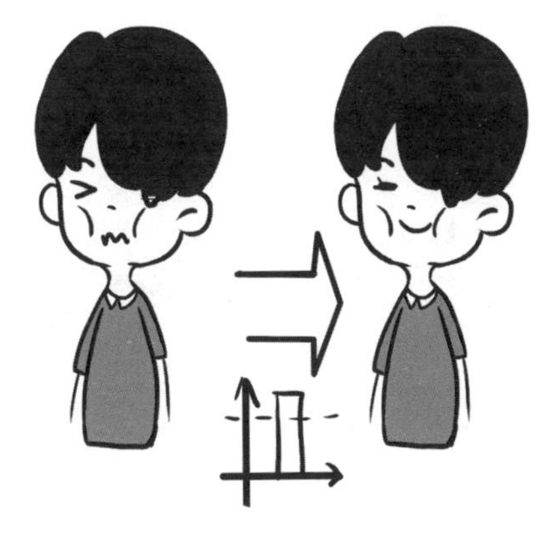

单次口服药物后，开始时药物从胃肠道吸收入血的量大于从体内代谢排泄的量，因此血药浓度是逐渐上升的；随后吸收速度逐渐减慢，而药物排泄的量逐渐增多，当吸收进入体内的速度与排出体外的速度相等时，此时血药浓度达到最高，即达到峰浓度；随后药物排出速度大于吸收速度，血药浓度开始下降，直至完全排出体外。

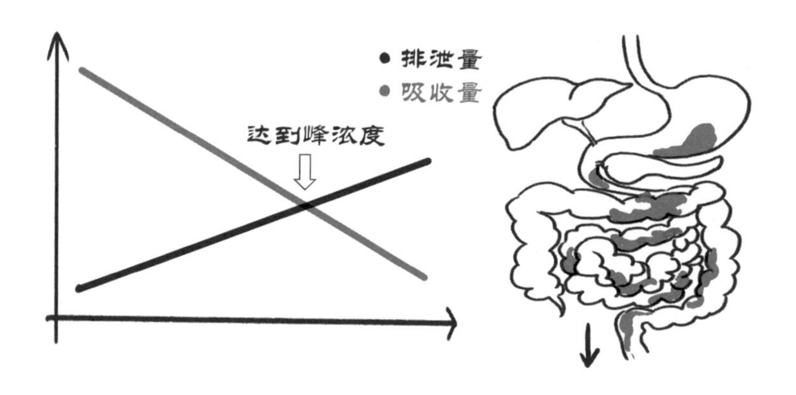

由此可见，单次给药时血药浓度一直处于上升和下降的变化过程中，无法保持一个有效的稳态血药浓度，并且血药浓度大于最低有效浓度的时长很短，甚至可能全程都在最低有效浓度以下的水平。因此，**单次口服药物治疗疾病效果不理想。**

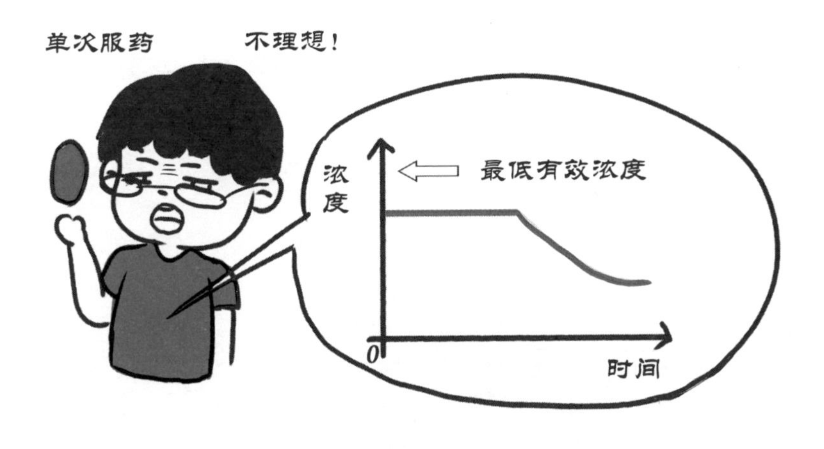

>>>>>>>>>

十四、坚持就是胜利

——持续有效用药

药物在血液中达到一个有效且稳定的浓度是该药发挥理想治疗效果的前提和保证。使用一个固定维持剂量口服多次给药需要经过4～5个半衰期（$t_{1/2}$）的时间才能达到稳态血药浓度（Css）。如果一种药物的半衰期为6小时，我们每隔一个半衰期给药一次，那么也要经过24～30小时才能到达稳态血药浓度。在4～5个半衰期之后，即使达到了稳态血药浓度，仍然需要连续几天规律多次继续用药，以维持血药浓度在这个稳定的水平。一般来说，注射给药或者舌下含服给药可以更快地吸收药物，从而迅速达到预期的有效治疗浓度水平，但单次注射或舌下含服给药仍然不能持久地维持稳态血药浓度，也需要持续数天给药。

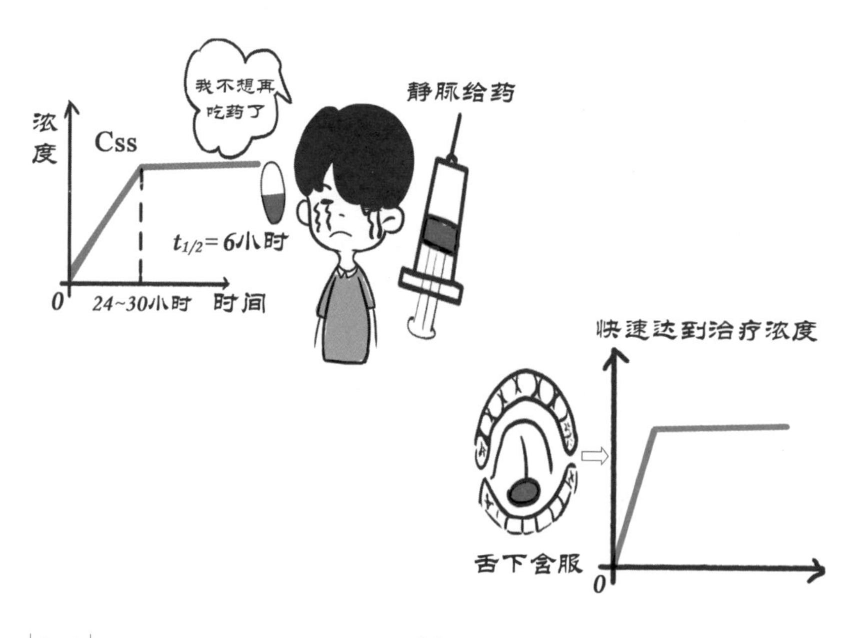

另外，如果首次给药应用了加倍剂量的药物，即使仅需一个半衰期便可达到维持剂量的稳态血药浓度，但是从第二次给药开始仍需要继续用维持剂量维持其稳态血药浓度。为了充分保证疾病治疗的效果，仍需要持续几天维持稳定的有效血药浓度。

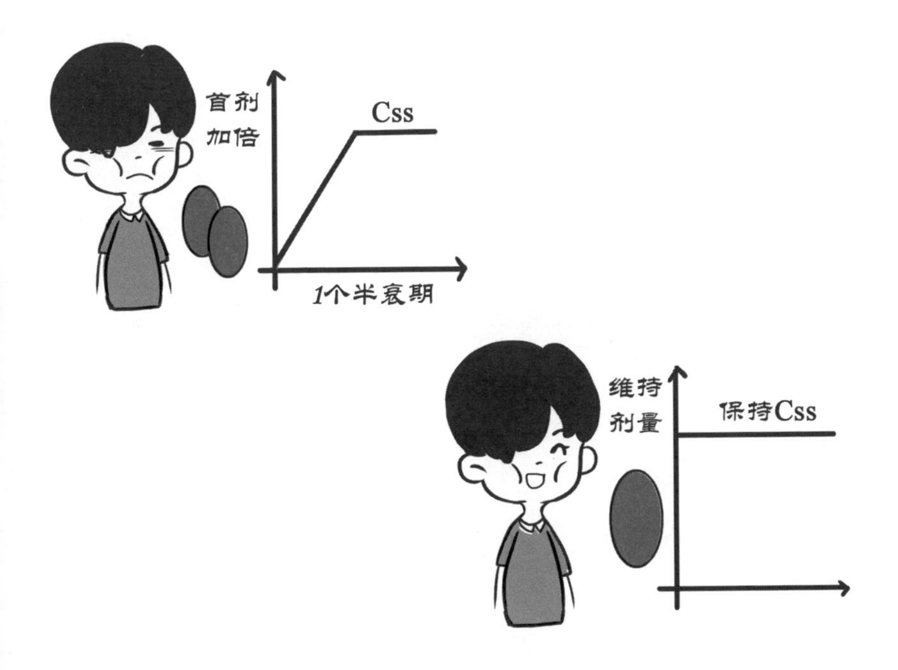

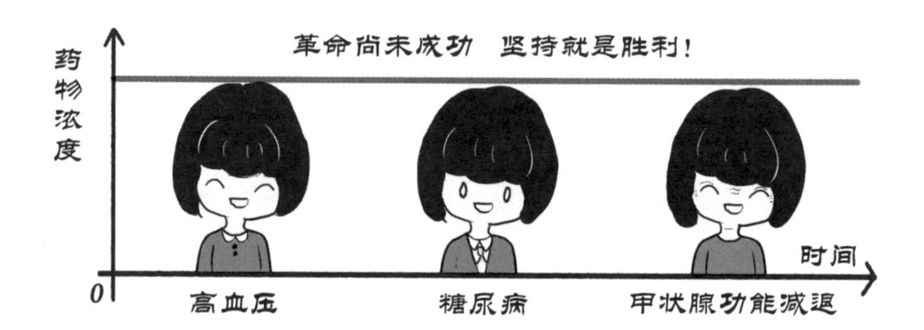

在许多慢性疾病（原发性高血压、糖尿病、甲状腺功能减退等）的治疗中，甚至需要终身服药，保证血药浓度终身维持在一个有效的稳态水平。

第三章

胆碱能神经和肾上腺素能神经

——外周神经

>>>>>>>>>

一、解救农药中毒

——阿托品和解磷定双管齐下

农药能够与人体中的乙酰胆碱酯酶结合，抑制胆碱酯酶的活性，造成组织中乙酰胆碱代谢障碍和大量积聚，从而引起急性中毒（呼吸困难、血压下降、恶心呕吐，大、小便失禁等）。

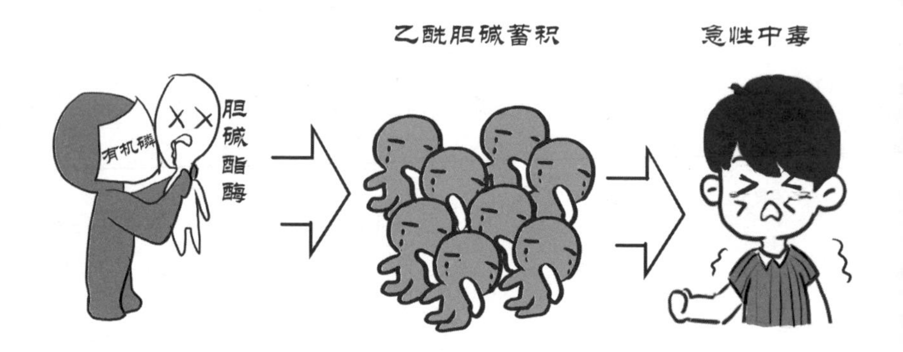

阿托品是一种 M 胆碱受体阻断药，能可逆地阻碍乙酰胆碱与 M 胆碱受体结合，从而减轻乙酰胆碱中毒的症状，属于对症治疗。而解磷定是一种胆碱酯酶复活剂，通过结合农药中的有机磷使胆碱酯酶功能复活，从而恢复对体内蓄积的乙酰胆碱的代谢清除，属于对因治疗。

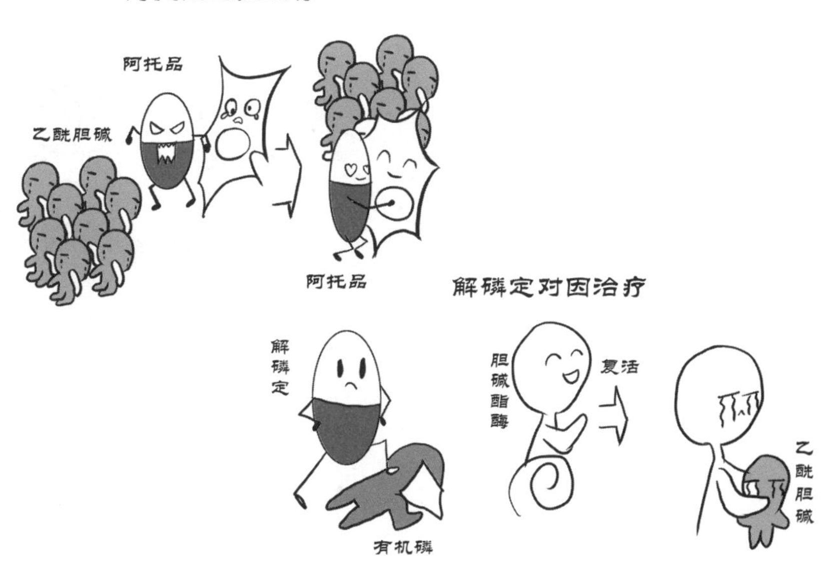

阿托品需要反复大量使用直至阿托品化，方可有效解除有机磷酸酯类中毒时的 M 样症状；而解磷定仅对新鲜的磷酰化胆碱酯酶有复活作用，如果磷酰化胆碱酯酶已“老化”，则酶活性难以恢复。因此，**农药中毒时应该足量、尽早联合应用阿托品和解磷定抢救，既治标，又治本，标本兼治，相辅相成，从而发挥更好的抢救效果。**

\>>>>>>>>>

二、抢救敌敌畏中毒的关键

——解除呼吸困难

敌敌畏是一种常用的农药，在生活中很常见，由敌敌畏引起的中毒和死亡事件屡见不鲜。严重的呼吸困难是敌敌畏中毒后的主要症状之一，你知道是什么原因吗？

敌敌畏实际上是一种有机磷杀虫药，通过抑制机体内胆碱酯酶的活性，使胆碱酯酶丧失分解乙酰胆碱的能力，导致乙酰胆碱大量蓄积，从而出现一系列乙酰胆碱中毒的表现。胆碱能危象是敌敌畏诱发呼吸困难的直接原因。首先，蓄积的乙酰胆碱通过激动腺体细胞的 M 胆碱受体促进呼吸道内腺体和黏液大量分泌，导致呼吸道阻塞，通气不畅。其次，蓄积的乙酰胆碱兴奋运动神经和肌肉接头处 N 烟碱型受体，在发生肌肉纤维震颤或抽搐痉挛后，转为肌力减弱和呼吸肌麻痹，从而呼吸无力。另外，蓄积的乙酰胆碱兴奋中枢神经系统突触间胆碱能受体，严重时引起昏迷和呼吸中枢麻痹。**呼吸困难是导致敌敌畏中毒患者死亡的重要原因，一旦发现应立即对症支持，并及时解除病因，这样才能挽救患者生命。**

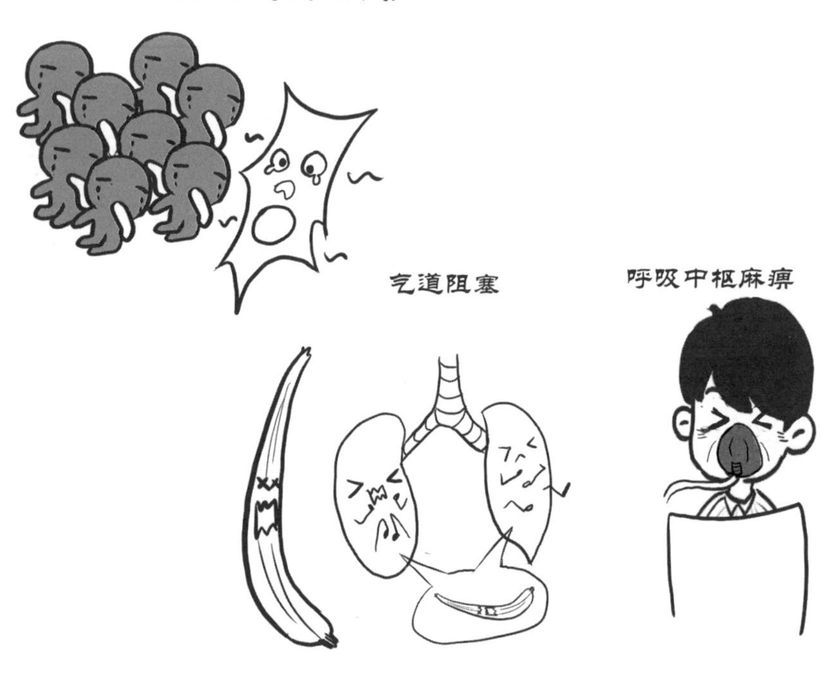

>>>>>>>>>

三、精准验光

——扩大瞳孔

近视眼的患病率逐年升高，戴近视眼镜是纠正视网膜成像位置的有效方法。在配镜时大家都有眼睛滴药水验光的经历，那你知道眼睛里滴的药物是什么吗？为什么要滴药水验光呢？

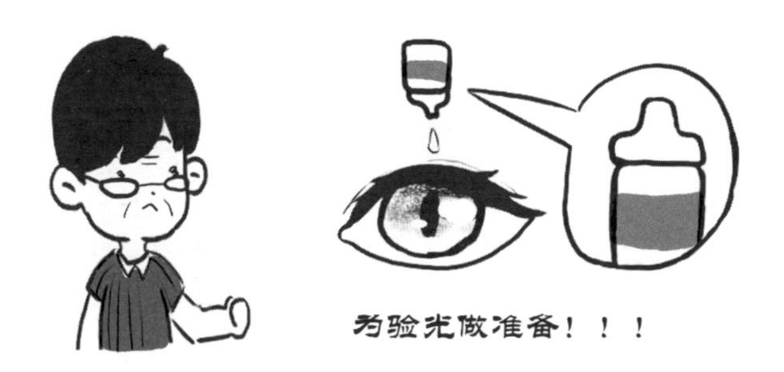

验光的目的是准确获取近视眼患者晶状体的屈光度，这样才能保证所配的近视镜是适合患者屈光度的。如果佩戴不合适的眼镜，会出现眼睛疲劳感、干涩感，甚至近视可能会加深得更快。为了更准确地验光，常常需要应用扩瞳药物使瞳孔散大、对光反应消失，在睫状肌完全麻痹、眼睛失去调节作用的情况下，进行视网膜检影或电脑验光。

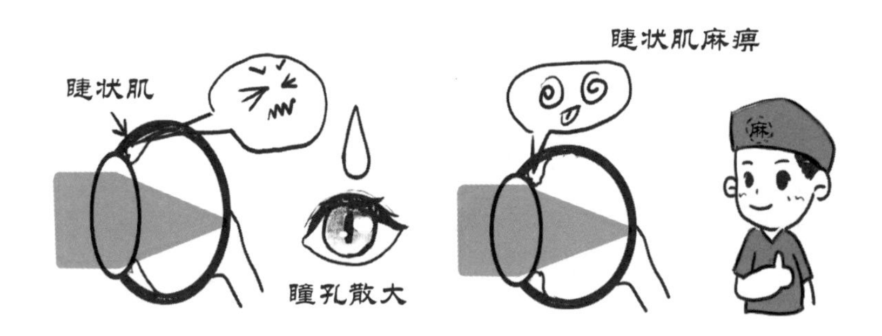

常用的扩瞳剂为 2% 后马托品或 1% 阿托品，其扩瞳验光的缺点是长达 14 日内眼睛怕强光刺激，看近物不清楚。

目前，青少年验光用的扩瞳药托吡卡胺滴眼液，将怕强光刺激、看近物不清楚缩短至 5 ～ 12 小时。

扩瞳验光主要用于 14 岁以下的儿童和青少年，超过 40 岁的患者由于睫状肌调节力显著减弱，验光时一般不再扩瞳。

>>>>>>>>>

四、过犹不及

——持久去极化诱导的肌肉松弛

琥珀胆碱，由于分子结构与乙酰胆碱高度相似，可以激动神经肌肉接头处突触后膜上的 N_2 受体，促使骨骼肌细胞去极化。同时琥珀胆碱还具有拟胆碱作用，可以引起心血管系统的抑制效应。那么，既然琥珀胆碱能够使骨骼肌细胞去极化，为什么反而能够松弛骨骼肌呢？

这是因为体内胆碱酯酶对琥珀胆碱的水解速度较慢，导致琥珀胆碱能够对骨骼肌细胞膜上的 N_2 受体持久去极化，妨碍复极化，从而使乙酰胆碱不能够再对 N_2 受体产生去极化，最终导致骨骼肌松弛。琥珀胆碱最开始激动 N_2 受体的效应为去极化阻滞，也称为Ⅰ相阻滞，琥珀胆碱的去极化作用能够诱发短暂的骨骼肌

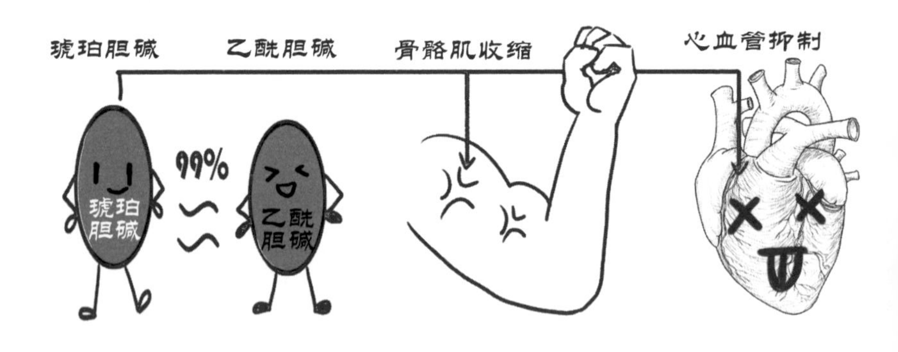

纤维成束收缩；持久去极化后阻碍了乙酰胆碱对 N_2 受体的激动效应，此阶段为非去极化阻滞，也称为Ⅱ相阻滞，导致骨骼肌松弛。

因此，**琥珀胆碱是一种通过促进骨骼肌细胞去极化而产生肌肉松弛的药物**，看似矛盾，实则是对立统一的，称为去极化型肌松药。

阻碍乙酰胆碱作用

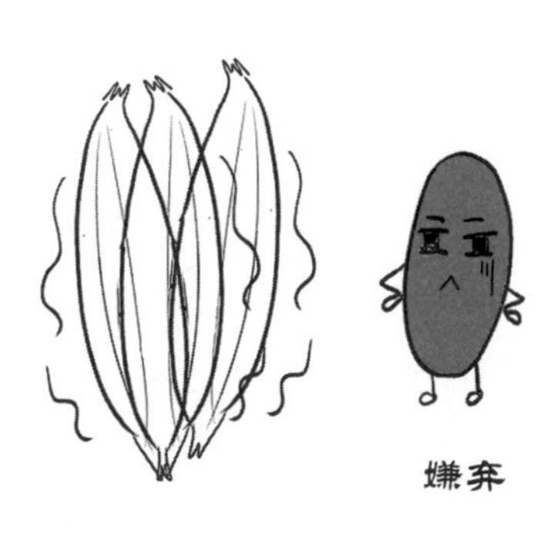

>>>>>>>>>

五、捕猎奥秘

——筒箭毒碱诱发的动物瘫软

古代由于没有猎枪，常常依靠弓箭猎取动物。动物中箭后，即使没有伤到脑、心等要害部位，动物也会很快倒地。**是何原因导致即使是肌肉中箭的动物也会快速瘫软倒地呢？**这还要从箭头上沾染的一种物质——筒箭毒碱来解释。

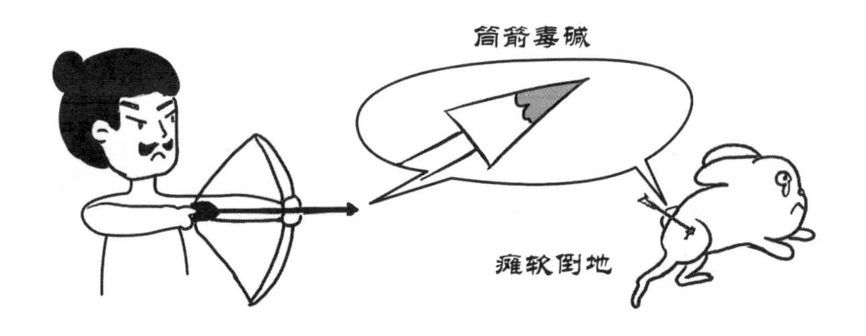

筒箭毒碱最早是从产自南美洲的植物浸膏箭毒中提取的一种生物碱，于 1942 年首次用于临床，也是临床应用最早的典型非去极化型肌松药。非去极化型肌松药能够阻断神经肌肉接头处突触后膜上的 N_2 受体，拮抗乙酰胆碱对骨骼肌细胞的去极化作用，从而导致肌肉松弛。因此，当动物被沾染筒箭毒碱的箭射中后会很快瘫软。

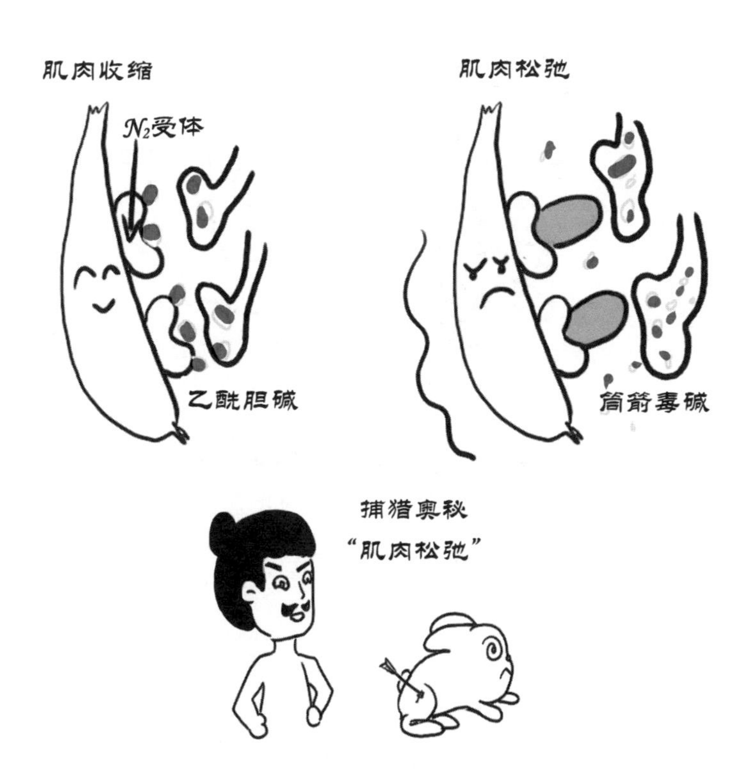

>>>>>>>>>

六、消化道出血的救星

——口服去甲肾上腺素

消化道出血是临床常见的严重病症，尤其是上消化道出血比较危急，严重者可出现大量呕血，出血量较大时甚至危及生命，多见于慢性胃、肠溃疡的患者，一旦出血需要迅速止血，那么有没有理想的药物能够既方便又有效地止血呢？

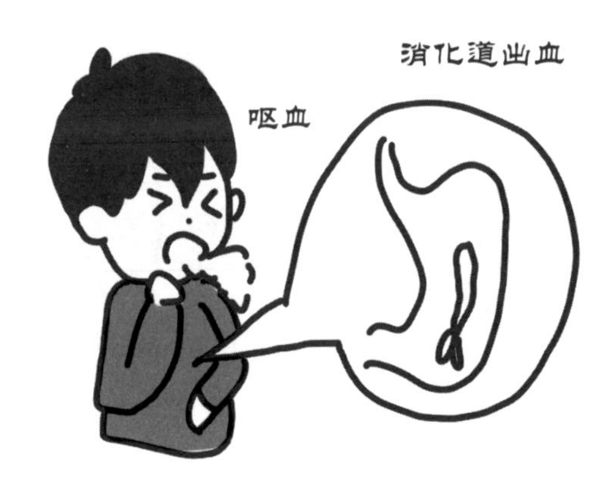

去甲肾上腺素便是上消化道出血的救星，通过激动血管的 α 受体，使黏膜血管强烈收缩，从而起到强大的止血作用。比较方便的方法是每间隔 1 ～ 2 小时直接口服溶解去甲肾上腺素的冰冷生理盐水溶液，便可达到迅速止血的效果。

需要注意的是，去甲肾上腺素主要适用于上消化道出血，而对于屈氏韧带以下的肠道出血效果不佳。另外，去甲肾上腺素只能通过收缩血管止血，为了促进溃疡黏膜的愈合需要辅助应用奥美拉唑等胃肠黏膜保护药。

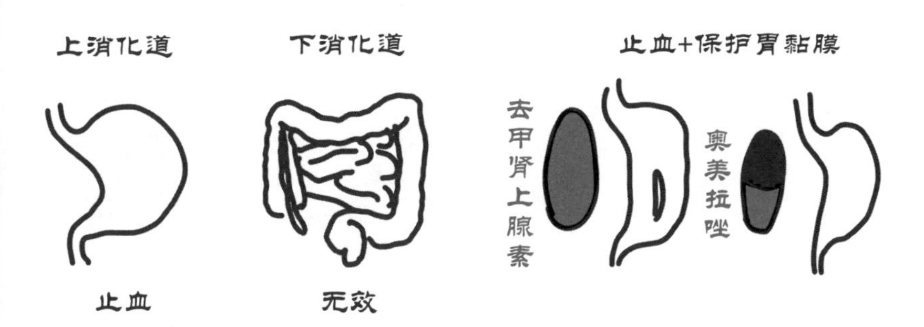

七、强心神药

——肾上腺素

心搏骤停是指心脏射血功能突然停止，导致脑血流突然中断，患者意识即刻丧失。心搏骤停的常见原因包括心肌缺血、过劳、电击、溺水和麻醉手术意外等情况，会严重危及生命，除需要迅速进行心肺复苏和除颤复律外，尚需要借助药物的作用及时恢复患者心跳。心搏骤停时常常注射的抢救药物是什么？其抢救机制又如何呢？

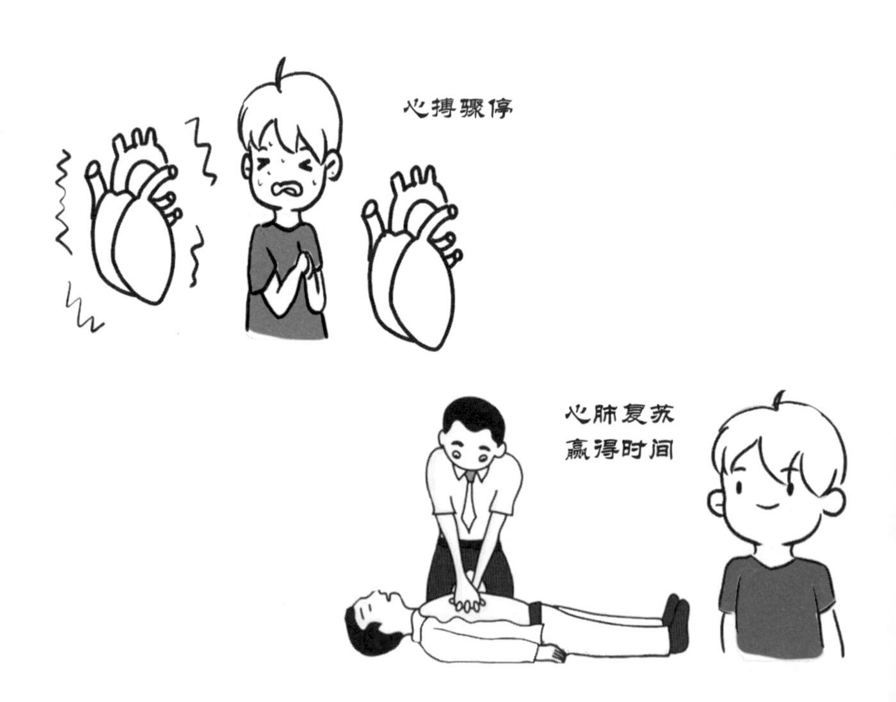

肾上腺素是心搏骤停抢救的首选药物，可以激动心肌细胞的 β_1 受体发挥强大的心肌兴奋效应；并且可以激动冠状动脉和脑血管的 β_2 受体舒张血管，增加心肌和脑组织供血；每隔 3 ～ 5 分钟静脉或心肌内注射肾上腺素 1 毫克，并辅以除颤，起效迅速，效果可靠。

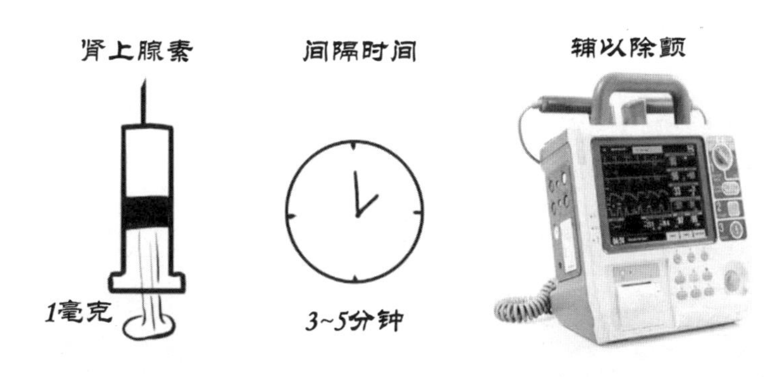

除了肾上腺素外，利多卡因能够通过阻滞钠离子通道降低缺血后室性心律失常的发生率；另外，阿托品能够通过阻断 M 胆碱受体减少唾液和上呼吸道黏液分泌，还能减缓迷走神经对心脏的抑制作用，有助于心肺功能的恢复。这些药物在心搏骤停患者的抢救中均发挥至关重要的作用。

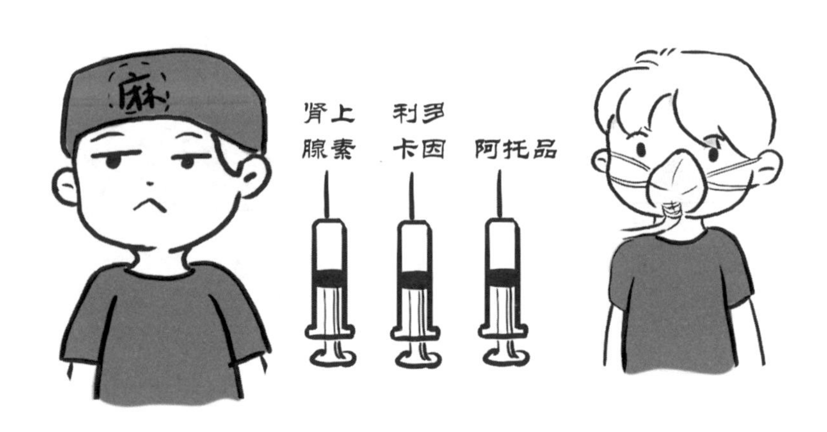

>>>>>>>>>

八、哮喘不宜

——普萘洛尔

心动过速是指心率每分钟超过 100 次。心动过速会影响心肌射血功能，从而导致血液循环障碍，需要及时纠正。

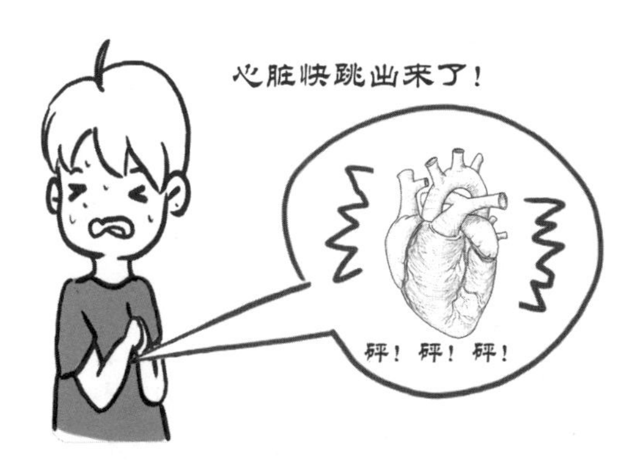

普萘洛尔通过拮抗心肌 β_1 受体能够显著抑制心肌的兴奋性和减慢心率，是临床治疗窦性心动过速的首选药物。

但是普萘洛尔同时也能拮抗气道平滑肌上的β_2受体，导致气道平滑肌舒张功能障碍和支气管平滑肌收缩痉挛，从而诱发和加剧哮喘患者的呼吸困难。因此，**尽管普萘洛尔具有很好地缓解心动过速的效应，却不适宜治疗伴有支气管哮喘的心动过速患者。**

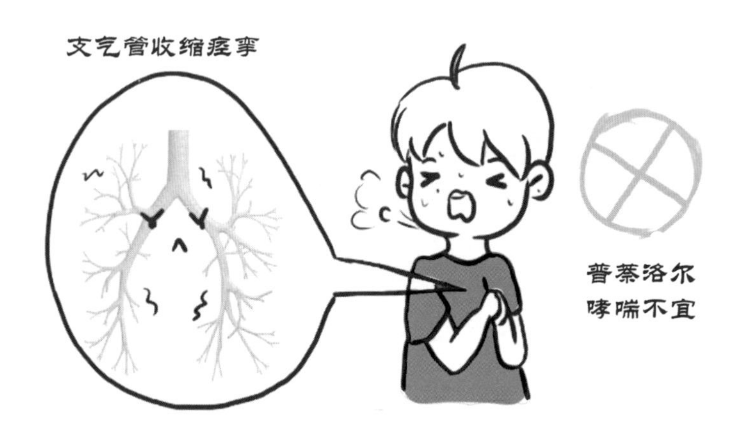

九、瘫软如泥

——骨骼肌松弛药

骨骼肌松弛药（skeletal muscular relaxants）又称为神经肌肉阻断药，能选择性阻断骨骼肌运动终板突触后膜的 N_2 胆碱受体，阻断乙酰胆碱对骨骼肌的去极化，从而干扰神经冲动向骨骼肌的传递，表现为骨骼肌松弛。

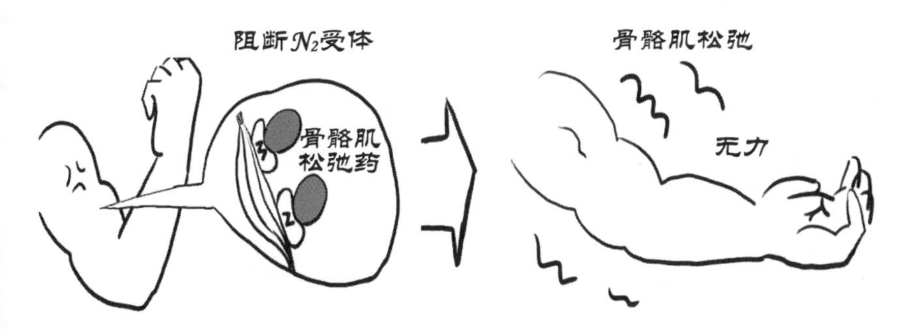

骨骼肌松弛药可分为除极化型和非除极化型两类。除极化型骨骼肌松弛药又称为非竞争型骨骼肌松弛药，其分子结构与乙酰胆碱相似，但不易被胆碱酯酶分解，在突触间隙保持很高浓度，能与运动终板膜上的 N_2 胆碱受体结合，产生持久的除极化效应，从而导致终板对乙酰胆碱的反应性降低，产生肌肉松弛，代表药物为琥珀胆碱。非除极化型骨骼肌松弛药又称为竞争型骨骼肌松弛药，能竞争性地与骨骼肌运动终板膜上的 N_2 胆碱受体结合，但其本身无内在活性，因而不能激动受体产生除极化，却能阻断乙酰胆碱（ACh）与受体结合，使骨骼肌松弛，代表药物为筒箭毒碱和阿曲库铵等。

骨骼肌松弛药能够降低血压和引起反射性心动过速，并且能引起呼吸肌麻痹、窒息或呼吸暂停。因此，应在麻醉医生的监管下使用，确保用药安全。

>>>>>>>>>>

十、便秘的烦恼

——阿托品导致排便困难

便秘是困扰很多人的一大烦恼，老百姓往往认为便秘不是病，但排不出来真要命。**便秘是指排便次数减少，同时排便困难，粪便干结。如果每周排便少于3次，我们就认为出现了便秘。**阿托品是临床常用的M胆碱受体阻断剂，由于阻断了胃肠道的M胆碱受体，可以抑制胃肠的收缩和蠕动，从而导致排便困难，甚至形成便秘。

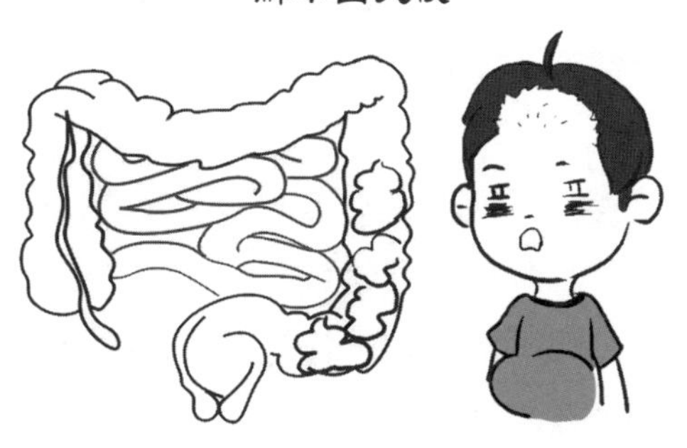

便秘常常伴有腹胀、食欲缺乏和精神不振等症状，严重影响患者的生活质量。便秘的危害不容忽视，由于排便时过于用力可能增加心绞痛、心肌梗死、晕厥和脑出血的风险；腹腔内压升高可引起或加重痔；强行排便时会损伤肛管，可引起肛裂等肛周疾病；而粪便长时间留存在肠道内，会增加有害物质的吸收。

及时纠正便秘非常重要，主要可以通过平衡饮食、服用增强胃肠蠕动药物和加强体育运动等方法治疗便秘。中医药对治疗便秘具有很大的优势，例如芦荟胶囊、香丹清等药效温和，均具有较好的通便效果。

第四章

人体司令部

—— 中枢神经

>>>>>>>>>

一、失眠不用怕，催眠有良药

——地西泮

失眠是指患者对睡眠时间或质量不满足并影响日间社会功能的一种主观体验。入睡困难、睡眠质量下降、睡眠时间减少、记忆力和注意力下降等严重困扰着失眠患者。

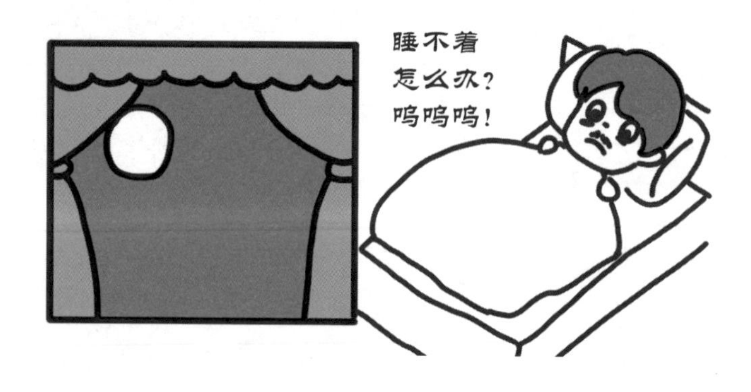

地西泮（diazepam），俗称安定，是临床治疗失眠的一线药物。

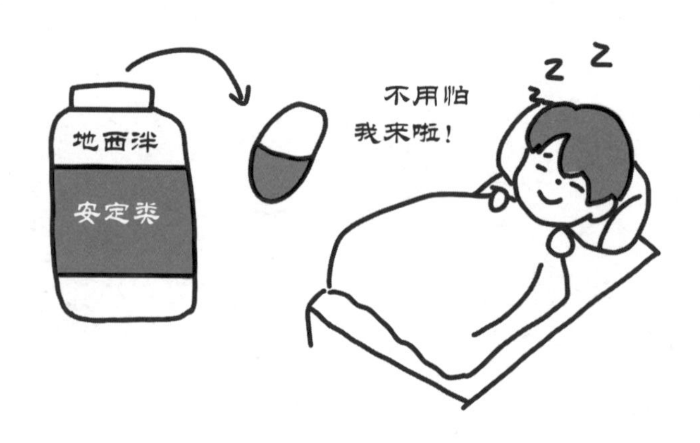

地西泮是一种苯二氮䓬类（BZ）镇静催眠药，通过结合 GABAa 受体的 BZ 受点，促进 GABA 与 GABAa 受体结合，增加氯离子通道的开放频率而增强氯离子内流，引起神经细胞的超极化，加强中枢神经抑制效应，从而促进睡眠。

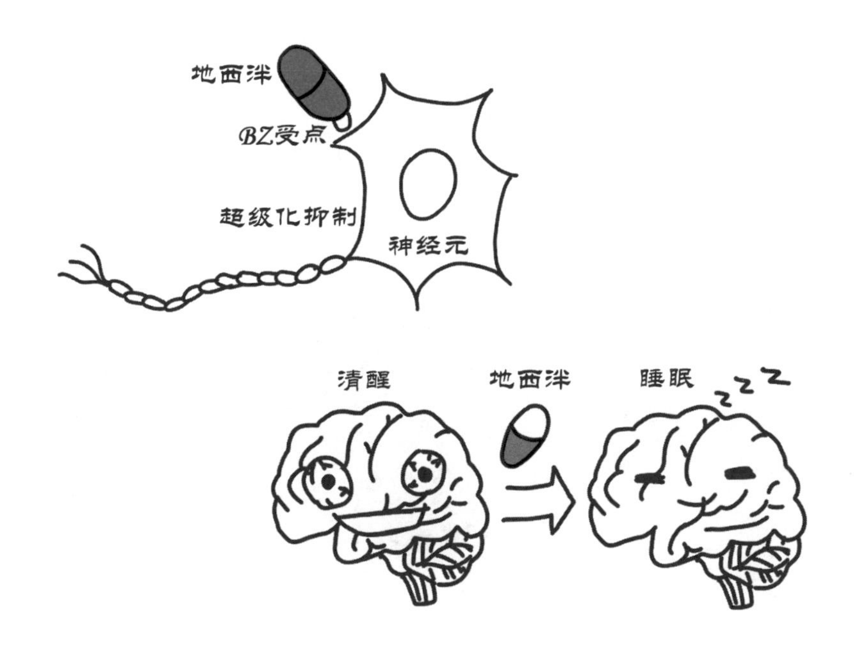

地西泮长期用药可以导致机体对该药的反应性下降而产生耐受性，并且易于产生药物成瘾性。因此，如非必要，不宜长期服药。

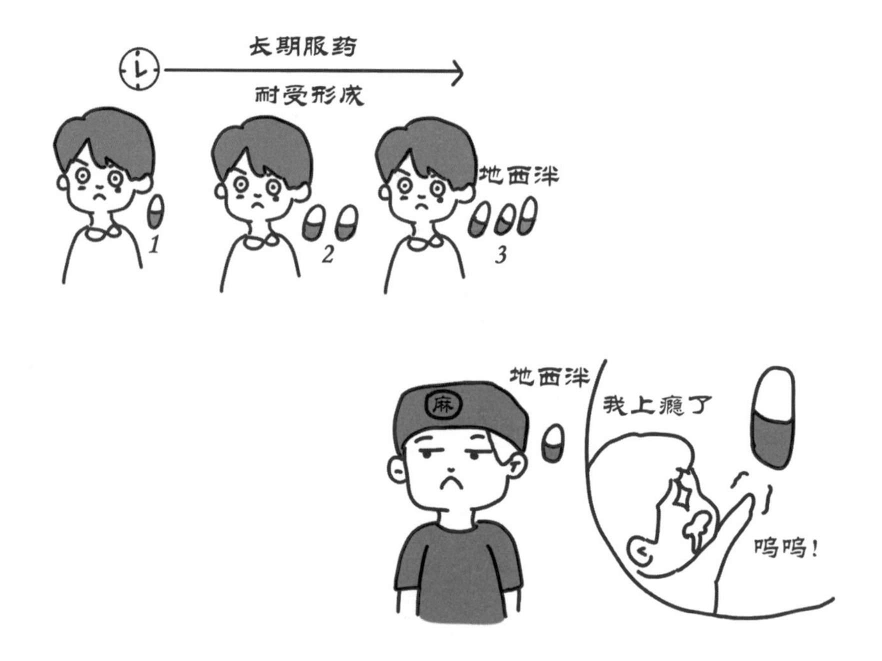

>>>>>>>>>

二、帕金森病的“祸根”

——多巴胺匮乏

帕金森病（parkinson disease，PD）是一种以静止性震颤、动作迟缓、肌强直和平衡障碍为主要特征的神经退行性病变。黑质多巴胺能神经元大量变性丢失，从而导致脑内多巴胺功能不足，是PD发病的主要原因。

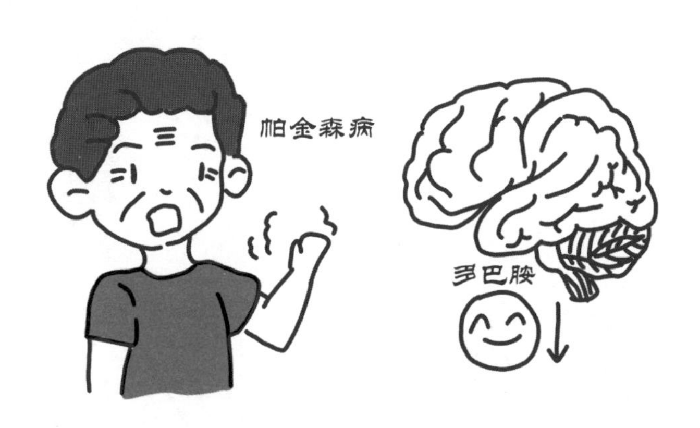

拟多巴胺类药物包括左旋多巴、卡比多巴、金刚烷胺和溴隐亭等，这些药物在体内可转变为多巴胺，弥补脑内多巴胺合成不足的缺陷，从而缓解帕金森病的症状。

PD的发病原因虽未完全阐明，但与遗传、吸烟和环境因素等密切相关。

拟多巴胺
药物
麻

弥补多巴胺
合成不足

遗传因素

吸烟

生活环境

>>>>>>>>>

三、跟随环境变化的体温

——氯丙嗪的体温调节

氯丙嗪是一种中枢多巴胺受体拮抗药，具有较好的抗精神病作用。氯丙嗪还有一个特殊作用，对下丘脑体温调节中枢有很强的抑制作用，干扰了机体产热和散热的平衡，从而导致体温随外界环境温度的变化而变化。

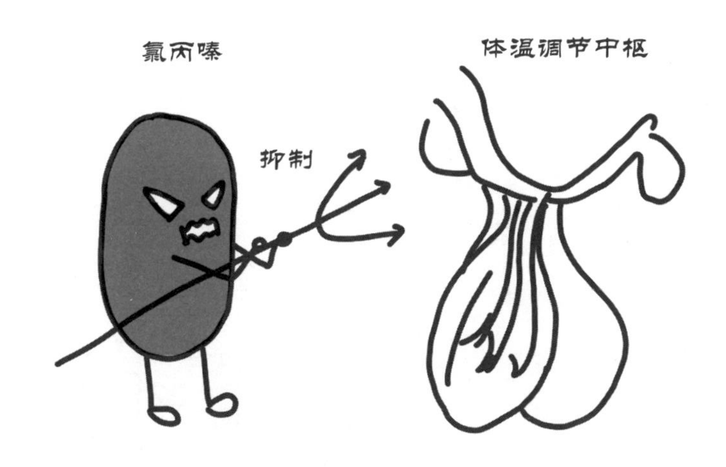

在寒冷的环境温度下，氯丙嗪能显著降低体温；而在炎热的天气里，氯丙嗪却可使体温升高。

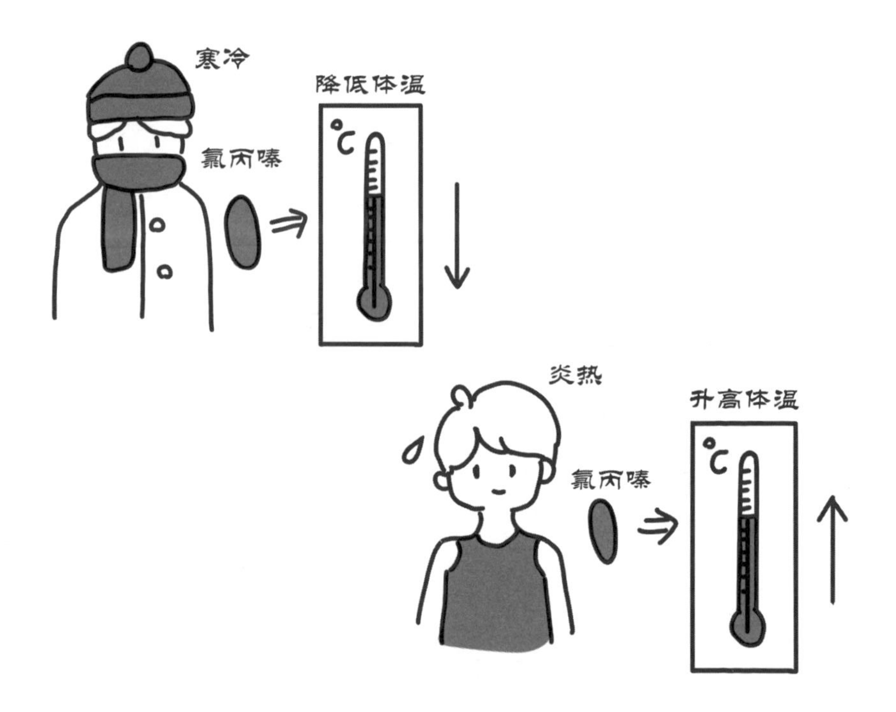

解热镇痛药只能降低发热机体的体温，而氯丙嗪却既能调节发热机体的体温，也能使正常体温随着外界环境温度的升降而升降。

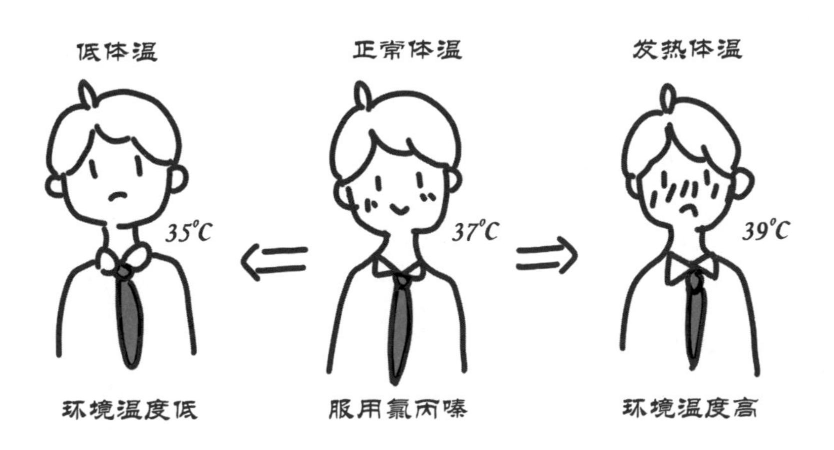

>>>>>>>>>

四、人类也会“冬眠”

——低温麻醉与人工冬眠

动物在冬眠过程中，体温降低，代谢减少，处于沉睡状态，有利于保持体内的能量，以实现对不利环境的适应和自救。那么**能不能借鉴动物冬眠的机制，让人也在“人工冬眠”的条件下，抵御恶劣环境造成的机体损伤呢？**

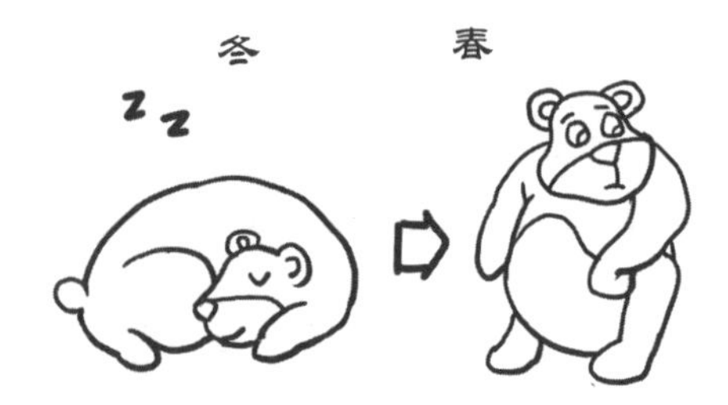

低温麻醉是在全身麻醉下使用氯丙嗪配合物理降温（冰袋、冰浴）方法降低患者的体温，以降低机体基础代谢，减少氧耗量，保护机体或器官免受缺血缺氧损害。人工冬眠是将氯丙嗪（50 毫克）、哌替啶（100 毫克）和异丙嗪（50 毫克）联合应用，并与物理降温相结合，使患者达到深睡——体温、基础代谢率和耗氧量均显著降低的状态。人工冬眠能够增强患者对缺氧的耐受力，减轻对伤害性刺激的反应，具有强有力的中枢神经保护作用。

低温麻醉和人工冬眠具有重要的临床意义，有利于机体度过危险的缺氧期，为其他有效的对症和对因治疗赢得足够的时间。

>>>>>>>>>>

五、“百忧解”解百忧

——氟西汀的抗抑郁作用

抑郁症是以心境低落、思维迟缓、意志减退和认知损害等为主要临床特征的情感障碍。虽然发病机制尚未完全阐明，但是中枢神经递质去甲肾上腺素和5-羟色胺（5-HT）功能不足是抑郁症患者脑功能紊乱的基础。

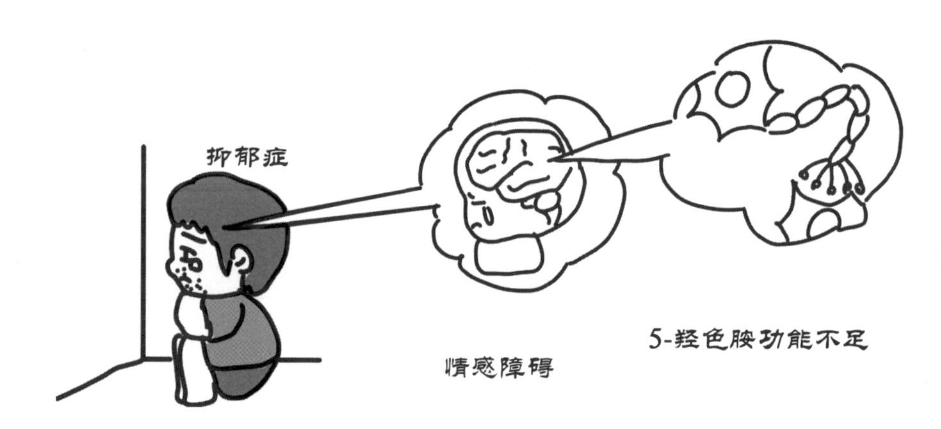

氟西汀又名“百忧解”，是一种选择性 5- 羟色胺再摄取抑制剂，可选择性地抑制 5- 羟色胺转运体，阻断突触前膜对 5- 羟色胺的再摄取，提高突触间隙 5- 羟色胺的浓度，从而能够缓解抑郁症患者的情绪障碍。

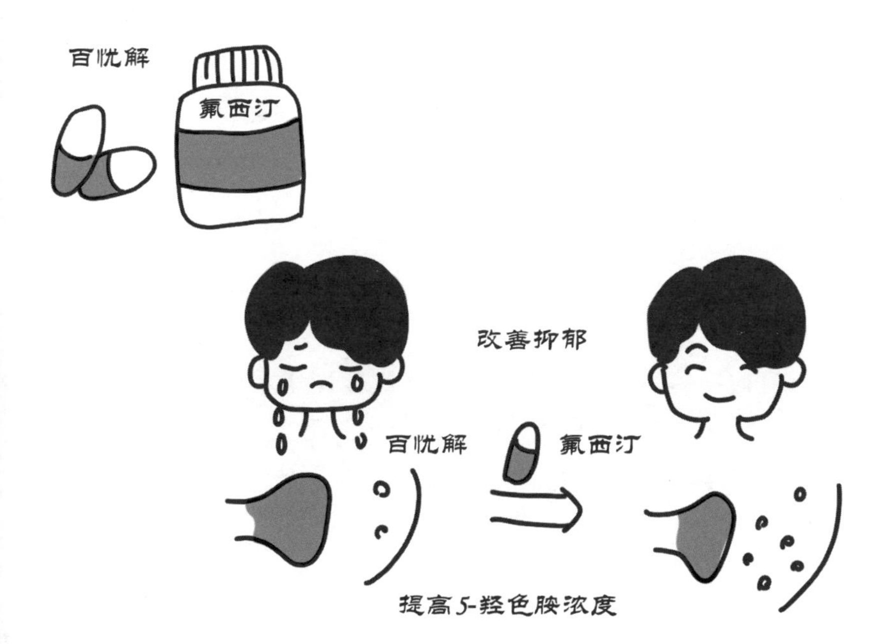

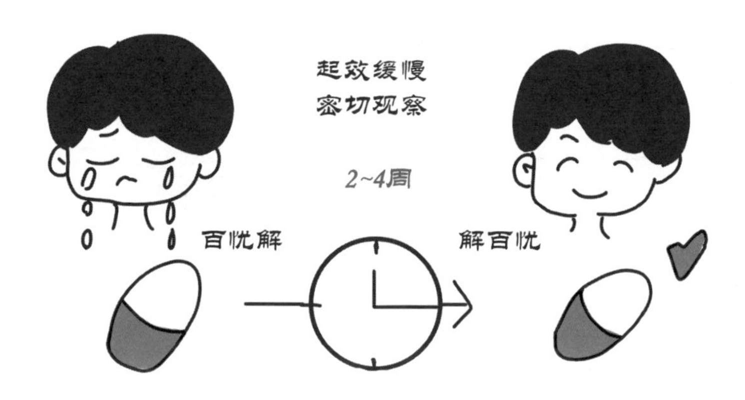

氟西汀服药后不会立即见效，一般需要连续服药 2 ～ 4 周后才能发挥明显的抗抑郁作用。在尚未起效阶段应注意密切观察患者的行为异常与精神情绪异常，及时发现并制止自杀等恶性事件的发生。

第五章

麻醉药的前世今生

——“麻”药总论

>>>>>>>>>

一、麻醉发展史上消失的明珠

——麻沸散

麻沸散是世界上最早的麻醉剂，比西方国家的麻醉药早 1 600 多年，由东汉末年杰出的医学家华佗创制而成。

相传，华佗常给患者做手术，但患者手术伴随的疼痛让华佗十分困惑。

华佗心疼患者，却无计可施，在一次喝闷酒时发现酒有麻痹的作用，因此开始在手术前让患者饮酒减轻痛苦，但效果并不理想。

一次在乡下行医时，华佗遇到一个口吐白沫、躺在地上不动弹的患者，但是他的脉搏、体温都是正常的，后来得知是误食了曼陀罗花。

华佗经过反复试验，最终以曼陀罗花为主药研创出了具有麻醉效力的“麻沸散”。

后来华佗在给曹操治疗头痛顽疾时，因遭曹操猜忌而入狱，在狱中将一生行医经验写成《青囊书》，传给当时的狱卒张明三，但不幸失传。从此世上再无“麻沸散”，人类麻醉史上一颗璀璨的明珠就这样陨落了。

>>>>>>>>>

二、近代麻醉的里程碑

——乙醚

1842 年美国乡村医生 Long 使用乙醚吸入麻醉成功为患者做颈部肿块切除手术，首次将乙醚用于临床麻醉，但由于地处偏僻而未及时公开报道。

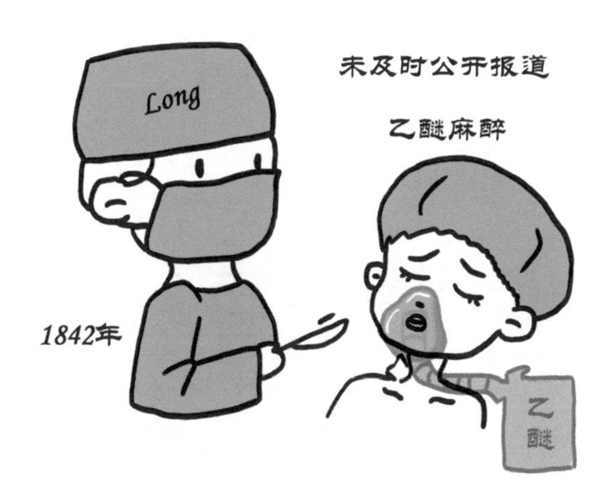

1846 年牙科医生 Morton 在医学家兼化学家 Jackson 的指导下，用玻璃瓶与吸管设计了一个装置，用来控制乙醚的吸入量，通过吸入乙醚蒸气麻醉，成功为患者实现了无痛拔牙。

1846 年 10 月 16 日，Morton 在美国波士顿麻省总医院成功地施用乙醚麻醉为一例患者摘除了颈部肿块。Morton 这次成功的乙醚麻醉公开演示被认为是近代麻醉史的开端。

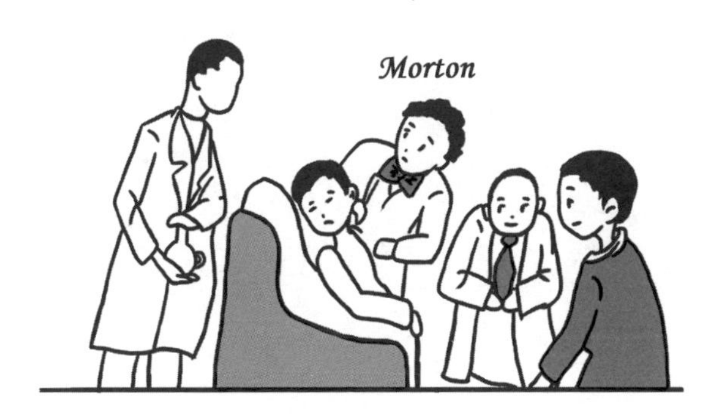

美国波士顿麻省总医院
公开演示乙醚麻醉

1847 年 Snow 刊发了著作《乙醚吸入麻醉》，这也是第一本麻醉学领域的专著。因此，**“乙醚”开启了近代麻醉的序幕。**

>>>>>>>>>

三、由简单粗暴到精准麻醉

——全身麻醉的发展史

人类麻醉经历了一个漫长而曲折的探索过程。早在春秋战国时期，我国就有以扁鹊为代表的针刺镇痛的记载；公元 2 世纪，我国伟大的医学家华佗发明了“麻沸散”。18 至 19 世纪，“棒麻”敲晕患者，“放血麻”使患者失血休克，“含鸦片”“喝烈酒”和“擦酒精”致患者感觉迟钝等方法，曾盛行一时，但这些简单粗暴的麻醉方法危险且低效，大大限制了外科手术的发展。直至 1846 年 10 月 16 日，牙医 Morton 在麻省总医院首次成功公开演示了乙醚全身麻醉下颈部肿瘤摘除手术。在这之后各国都相继采用乙醚麻醉来进行手术，结束了“棒麻”“酒精麻”和“放血麻”的悲惨时代。

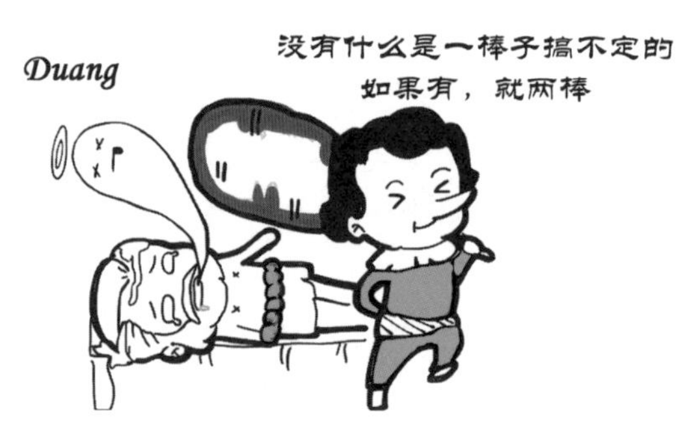

乙醚的问世，是一个里程碑式的发现，标志着现代麻醉学的开端。随后，1847 年英国产科医生 James 为产妇施行乙醚麻醉镇痛；1853 年他为维多利亚女皇施行氯仿麻醉生下王子，从而使氯仿麻醉在英国得到公认。1898 年 Augustbier 介绍了脊髓麻醉（腰麻）；1920 年 Magill 应用气管插管进行吸入麻醉；1921 年 Ashile Dogliotti 发展了硬膜外麻醉。现代麻醉学已经走过了 170 多年的道路，这些年里科学家们不断创造发明的药物、技术和理念，推动了麻醉学和外科学的快速发展。氟烷、恩氟烷、异氟烷、七氟烷、硫喷妥钠、氯胺酮及丙泊酚等药物在临床麻醉中的陆续应用便是现代麻醉学快速发展的见证。

>>>>>>>>>

四、液体也能气管吸入
——挥发性液态全身麻醉药

是的，你没有看错，就是能吸入的液体。药物进入机体的途径有很多，比如口服、舌下含服、皮下注射、肌内注射、静脉滴注、直肠给药等。除此之外，还有一种重要的给药方式，那就是呼吸道吸入给药。能够通过呼吸道吸入给药的药物有很多，其中有一类药物与麻醉医生息息相关，那就是“吸入麻醉药”。

吸入麻醉药主要包括氧化亚氮（nitrous oxide，又称笑气）、乙醚（ether）、氟烷（halothane）、恩氟烷（enflurane）、异氟烷（isoflurane）、地氟烷（desflurane）和七氟烷（sevoflurane）等。在常温常压下，除笑气呈气体状态外，其余的吸入麻醉药均呈液体状态。

液体又是如何能被气道吸入的呢？原来这些麻醉药虽然是液态的形式，但是由于它们均具有很强的挥发性，所以可以借助麻醉机的作用以气体的形式被患者吸入到肺泡中，然后再扩散进入血液循环。因此，我们把具有挥发性的液体全身麻醉药和气体全身麻醉药统称为吸入麻醉药。

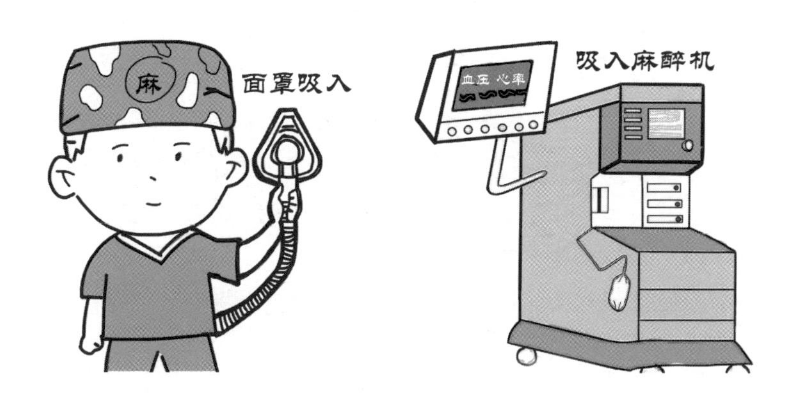

五、良药“不”苦口

——吸入麻醉药

众所周知“良药苦口”，虽然大多数药物闻起来和吃起来都是苦味的、刺激性的和令人不舒服的，但是有一类药物确实闻起来就像水果一样香甜。这类药物就是临床广为使用的一些吸入麻醉药。

由于刺激性或者恶臭味的药物吸入呼吸道后，导致腺体分泌增多和呛咳，从而引起呼吸不畅，因此患者由于不愿吸入而屏气，使吸入麻醉药不能顺利通过肺泡进入体内。为了解决这一问题，药学家们经过化学修饰，在充分保证麻醉效应的前提下改善了吸入麻醉药的气味，使这些药物发出令人愉悦的香甜气味，从而增进患者（尤其是小儿患者）的吸入依从性，加快全身麻醉的进程。

这些具有果香味的吸入麻醉药包括氟烷、甲氧氟烷、七氟烷和笑气等，患者吸入具有香甜味的麻醉药甜甜美美地睡上一觉，为手术成功创造了一个理想的条件，具有重要的临床意义。

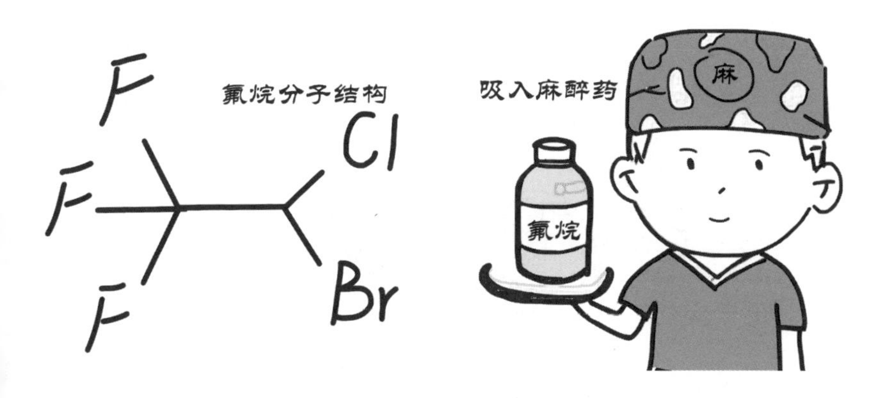

六、大手拉小手

——第二气体效应

为了加快含氟吸入麻醉药吸收入血的速度，以加快麻醉诱导，临床上常常利用第二气体效应这一原理。当两种不同浓度的气体一起吸入时，高浓度的气体被大量吸收后，由于肺泡迅速回缩，导致肺泡内低浓度的气体浓度会相应升高，从而其吸收速度也会加快，称为低浓度气体的**浓缩效应**；另外，由于高浓度气体的快速吸收会导致肺泡的负压增加，这样就增强了肺通气，会吸入更多的混合气体，从而增加了低浓度气体进入肺泡的量，称为低浓度气体的**增量效应**。

通常将高浓度的气体称作第一气体，低浓度的气体称作第二气体，这种高浓度气体能够增强低浓度气体的效应即为第二气体效应。 临床上常常将效能较低、安全范围较大的氧化亚氮（笑气）作为第一气体，而将七氟烷或异氟烷等麻醉效能较强的含氟吸入麻醉药作为第二气体，二者合用时既可以减少含氟吸入麻醉药的用量，又可以迅速提高其吸收入血的速度，从而实现用较低浓度的含氟吸入麻醉药获得较高、较快麻醉效应的目的。

七、吸入麻醉药的效价强度

——MAC

效价强度是指能引起等效反应（一般采用 50% 效应量）所需的药物相对浓度或剂量，其值越小则强度越大，即用药量越大者效价强度越小。为了便于比较和评价不同吸入麻醉药的作用强度，美国麻醉学家 Eger 等在 1965 年提出了最低肺泡有效浓度(minimum alveolar concentration，MAC）的概念。MAC 是指某种吸入麻醉药在一个大气压下与纯氧同时吸入时，能使 50% 的人或动物对伤害性刺激（如切皮）丧失逃避性运动反应时所需的最低肺泡浓度。

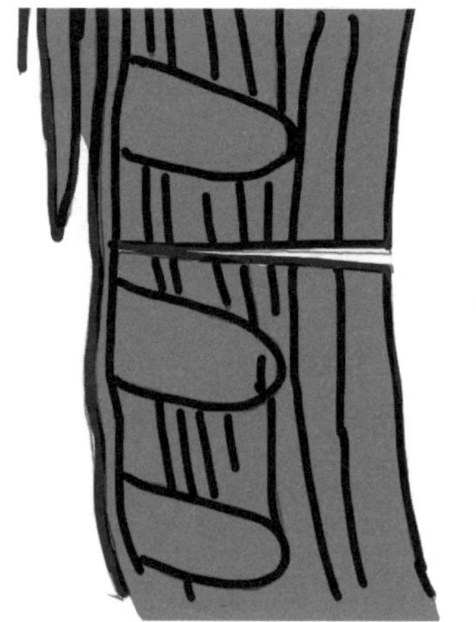

逃避反射消失

MAC 已经成为公认的评价吸入麻醉药效价强度的主要指标，以容积百分比来表示各种吸入麻醉药的麻醉强度，**MAC 值越小的吸入麻醉药，其麻醉效力越强**。第二气体效应可以降低含氟吸入麻醉药的 MAC 值。

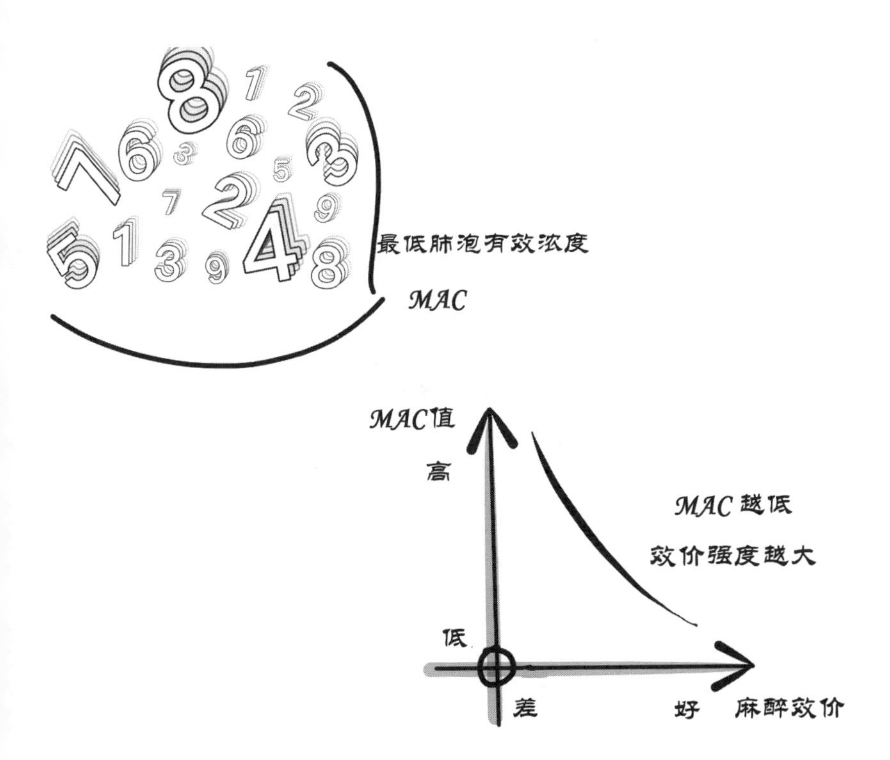

>>>>>>>>>

八、麻醉和苏醒速度的控制

——血气分配系数

血气分配系数（blood/gas partition coefficient）是气体或挥发性液体在血液中的分压与肺泡气中的分压达到平衡时，在两相中的浓度（毫克/升）之比。

血气分配系数常常用来评价气体或挥发性吸入麻醉药在血液中溶解的程度和速度。血气分配系数越大，说明该吸入麻醉药在血中的溶解度越高，麻醉药经肺吸收越快，在血中达到饱和所需时间越长，并且从血中向脑内转运速度越慢，从而延长了麻醉诱导时间。同理，血气分配系数越大，当手术结束停止使用麻醉药时，麻醉药从脑内向血液中转移虽然较快，但在血中达到饱和所需时间也越长，并且从血中向肺泡内转运速度也越慢，导致通过呼气排出体外越慢，从而延长了苏醒的时间。因此，**临床麻醉时尽可能选用血气分配系数较小的吸入麻醉药，以便加快麻醉诱导和术后苏醒，增强吸入麻醉药的可控性和安全性。**

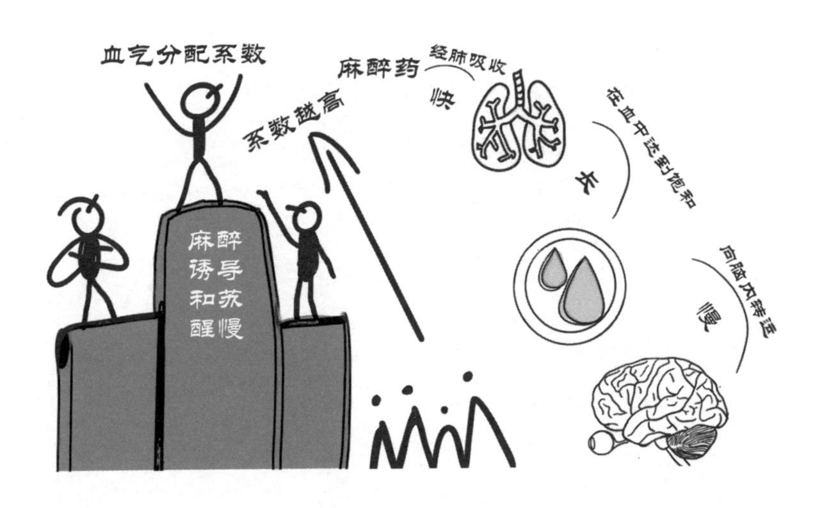

第六章

为外科创造理想的手术条件

——麻醉药理

>>>>>>>>>

一、丙泊酚进出大脑的通行证

——脂溶性

丙泊酚由 John B. Glen 于 1976 年合成，1989 年由英国伦敦阿斯利康公司生产。由于其起效快、苏醒迅速且功能恢复完善，术后恶心、呕吐发生率低等优点，目前丙泊酚被广泛应用于临床麻醉、重症监护患者的持续镇静，以及临床无痛检查、治疗等。

丙泊酚的麻醉镇静作用是通过作用于大脑实现的，而由于血脑屏障的阻隔，很多药物是难以跨过这道屏障从血液进入大脑的。丙泊酚为什么能迅速通过血脑屏障在血液和大脑组织之间双向进出呢？难道丙泊酚拿到了进出大脑的通行证吗？

丙泊酚，化学名称为 2,6- 二异丙基苯酚，分子式为 $C_{12}H_{18}O$，由于分子结构极性很小，难溶于水，却具有很好的脂溶性，因此，丙泊酚都是以脂肪乳作为溶解媒介，配制成脂肪乳剂在临床中使用。而血脑屏障由于其结构的特殊性，水溶性的药物不能够自由通过，只有脂溶性较强的药物才能够顺着浓度差以简单扩散的方式在血液和脑组织之间进出。丙泊酚由于具备很强的脂溶性，也就获得了跨越血脑屏障进出大脑的“通行证”。

>>>>>>>>>

二、肥胖导致术后苏醒延迟

——全身麻醉药在脂肪组织蓄积

手术结束后，患者应能够及时苏醒，对刺激可用言语或行为做出有思维的应答，是患者脱离麻醉状态和安全恢复的指征。但少数患者在全身麻醉手术后较长时间意识仍不能恢复，即可认为是麻醉苏醒延迟。全身麻醉手术后苏醒延迟的影响因素非常复杂，其中过度肥胖可能是术后苏醒缓慢的原因之一。

全身麻醉药（简称全麻药）的作用机制有各种学说，目前尚无定论。而脂质学说是各种学说的基础，其依据是化学结构各异的全身麻醉药均具有较高的脂溶性，且脂溶性越高，麻醉作用越强。据此认为，脂溶性较高的全身麻醉药容易溶入神经细胞膜的脂质层，引起胞膜物理和化学性质改变，使膜受体蛋白及钠、钾等离子通道发生构象和功能的改变，影响神经细胞除极化或递质的释放，由此广泛抑制神经冲动的传递，从而引起全身麻醉的效应。过度肥胖的患者身体内含有比正常体重患者更多的脂肪组织。由于全身麻醉药具有很强的脂溶性，因此，在全身麻醉手术过程中有大量的全身麻醉药蓄积贮存于肥胖患者的脂肪组织中。

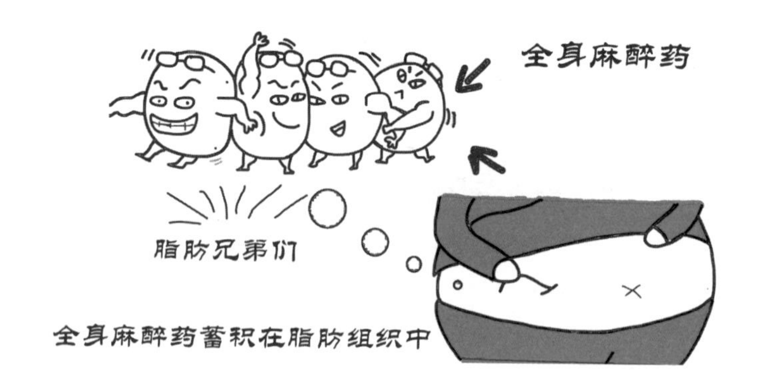

当手术结束停止使用全身麻醉药时，贮存在脂肪组织中的全身麻醉药会缓慢释放至血液中，并再次通过血脑屏障进入脑组织，继续发挥对大脑的抑制效应，从而表现出苏醒缓慢。**在临床工作中麻醉医生应该注意过度肥胖和过度消瘦患者对麻醉药的不同反应，做到精准使用全身麻醉药，以确保麻醉安全和麻醉质量。**

>>>>>>>>>

三、机制相同，效应不同

——利多卡因的局部麻醉和抗心律失常作用

局部麻醉药作用于局部神经末梢或神经干，通过阻断电压依赖性 Na^+ 通道和 K^+ 通道，能可逆性阻断神经冲动的产生和传导，在意识清醒的状态下，可使局部痛觉等感觉暂时消失，从而产生局部麻醉作用。

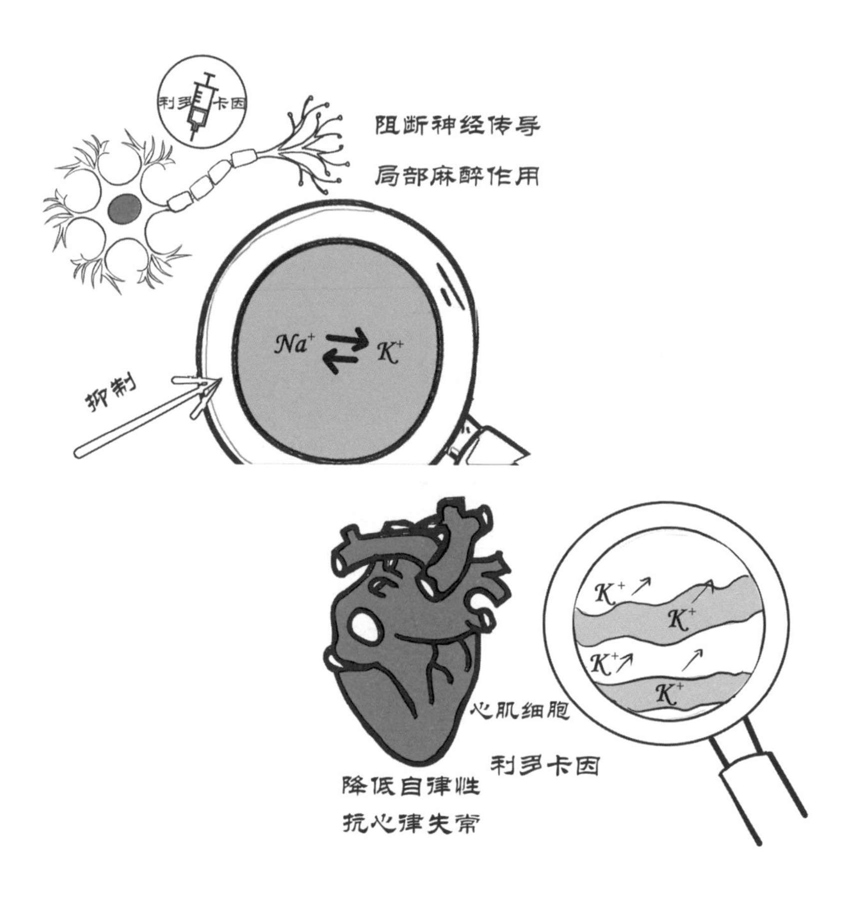

而快速型室性心律失常，主要是由于浦肯野纤维和心室肌细胞自律性异常增高，或传导异常形成折返激动而诱发的室性心动过速、室性期前收缩和心室颤动。

利多卡因是一类 Na^+ 通道阻滞剂，不仅可以阻滞神经纤维上的 Na^+ 通道从而阻断神经冲动传导，而且可以抑制浦肯野纤维和心室肌 Na^+ 内流而降低心肌自律性，促进心肌细胞内 K^+ 外流而引起超极化，消除折返激动，从而对抗室性心动过速、室性期前收缩和心室颤动等快速型室性心律失常。因此，**利多卡因既可以用于局部麻醉，又可以发挥抗心律失常效应。**

四、从气道到大脑

——七氟烷的必经之路

七氟烷是一种临床常用的全身麻醉药，必须进入大脑才能发挥全身麻醉效应。那么，七氟烷是如何进入大脑的呢？**由于七氟烷是一种具有较好挥发性的全身麻醉药，因此特别适合通过面罩吸入进入体内。**

首先，七氟烷借助吸入麻醉机通过面罩吸入肺泡，然后经过肺泡壁扩散进入肺循环血液，经过肺循环进入左心室，再通过主动脉射血，将富含七氟烷的血液输送至大脑血管系统；脑血管中的七氟烷通过脂溶性简单扩散跨过血脑屏障进入脑组织和脑脊液，从而发挥中枢神经系统的抑制作用，产生全身麻醉效应。

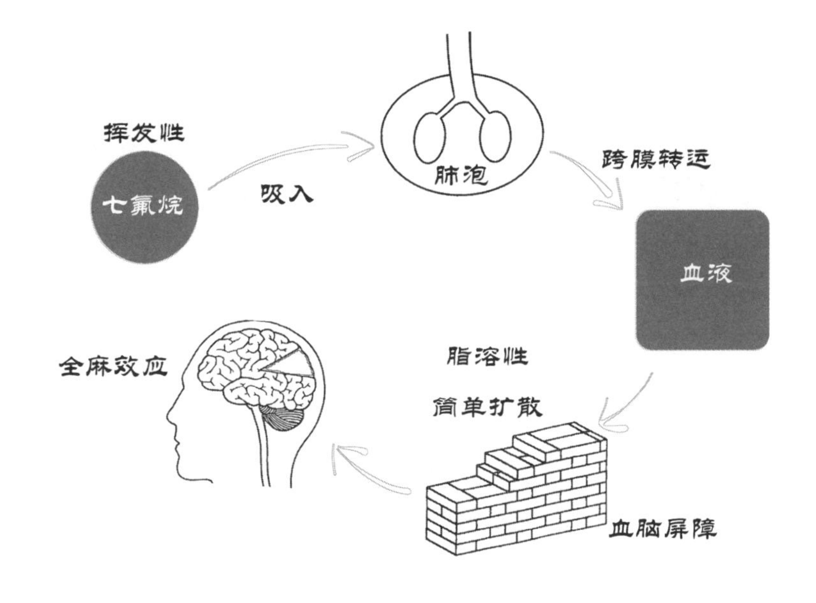

手术结束停止吸入药物后，血液中的七氟烷浓度降低，大脑中的七氟烷会陆续释放至脑血管中，然后再通过肺循环扩散至肺泡中，随着呼气排出体外，从而大脑逐渐苏醒。挥发性和脂溶性是七氟烷能够通过气道被吸入并通过血脑屏障进入大脑发挥全身麻醉效应的关键因素。

>>>>>>>>>

五、为全身麻醉手术保驾护航

——阿托品

阿托品是一种抗胆碱药，通过选择性阻断 M 胆碱受体发挥多种药理效应。

首先，在术前麻醉诱导时使用阿托品，通过阻断腺体细胞上的 M 胆碱受体，能够抑制唾液腺和气道黏膜下的腺体分泌，从而保证患者在手术过程中口腔干燥和呼吸道通畅，防止误吸和气道阻塞。

其次，在术中，阿托品通过阻断平滑肌上的 M 胆碱受体，可以松弛内脏平滑肌，便于手术操作；阿托品通过阻断心肌细胞的 M 胆碱受体，可解除迷走神经对心脏的抑制，防止血压过低和循环衰竭。

最后，在术后，新斯的明常常用于拮抗残余骨骼肌松弛药的肌松作用，而阿托品能够对抗新斯的明诱导的心率减慢和血压下降等循环抑制效应。因此，**阿托品为接受全身麻醉手术的患者全程保驾护航，意义重大。**

>>>>>>>>>

六、殊途同归

——局部麻醉药的各种麻醉方式

局部麻醉药（简称局麻药）可以通过多种不同的途径给药，阻断神经末梢或神经干电压依赖性 Na^+ 通道和 K^+ 通道，可逆性阻断神经冲动的传导，最终使局部痛觉暂时消失。

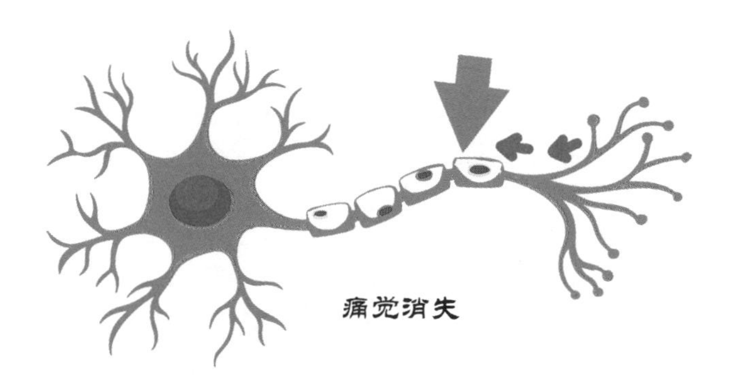

表面麻醉时，局部麻醉药通过喷涂、滴眼或涂抹应用于黏膜表面，阻断黏膜下的感觉神经末梢传导，发挥镇痛效应。

浸润麻醉时，局部麻醉药被注射到皮下或黏膜下，扩散浸润至手术部位的感觉神经末梢，产生局部麻醉和镇痛作用。

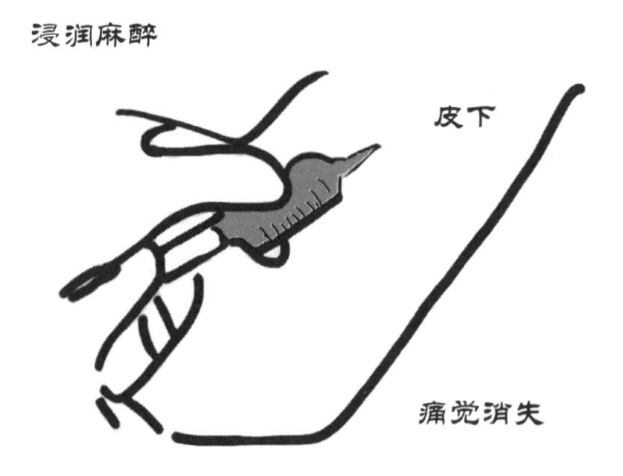

神经阻滞麻醉时，局部麻醉药被注射到神经干、神经丛或神经节周围，使该神经支配下的区域产生麻醉和痛觉阻滞作用。

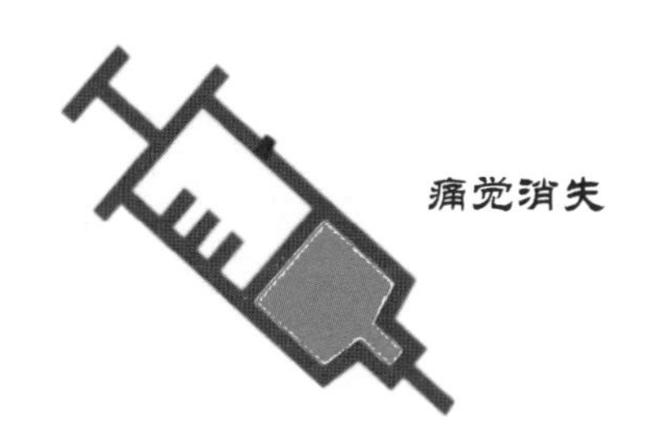

硬膜外麻醉时，局部麻醉药被注入硬膜外隙，阻断脊神经根的传导，使其支配区域产生局部麻醉和镇痛效应。

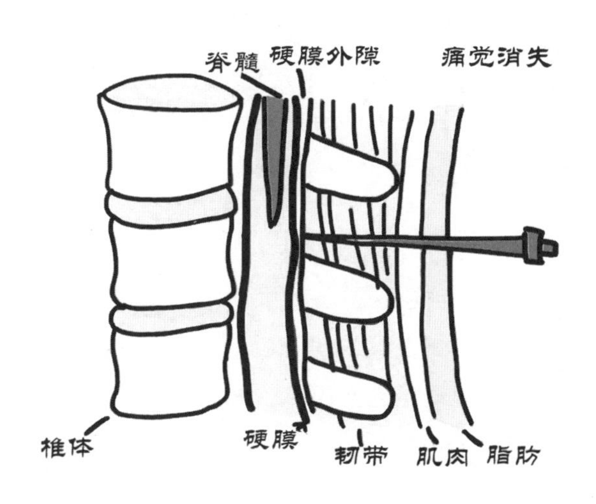

>>>>>>>>>

七、神奇的“吐真药”

——麻醉镇静剂

1916 年，美国妇产科医生 Robert House 在为一位产妇接生时，为了减少产妇手术痛苦，给产妇注射了东莨菪碱。这是一种从莨菪中提取的植物碱，可以阻止乙酰胆碱的作用，使人体进入半麻醉状态。

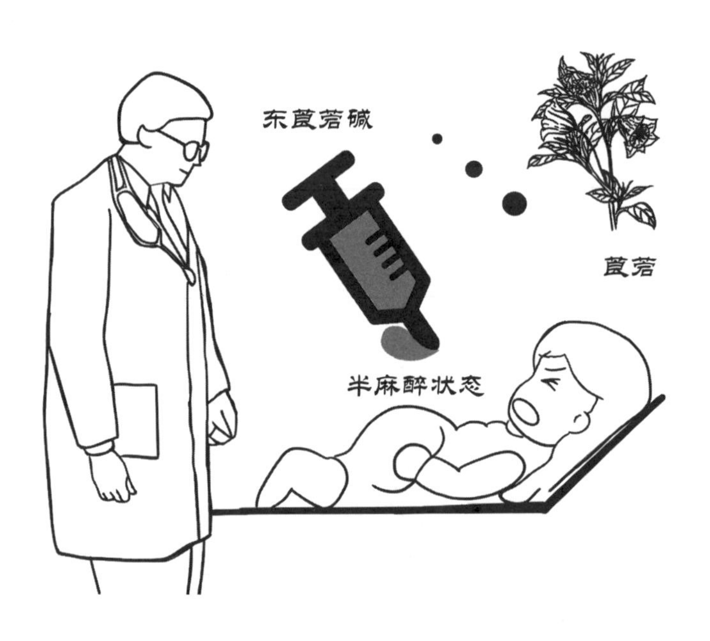

新生儿出生后，Robert House 医生让孩子的父亲找婴儿秤给孩子称体重，然而粗心的父亲忘记了家里的秤放在哪儿了，这时处于麻醉状态的产妇却奇怪地开口了，并且准确说出了秤的位置。

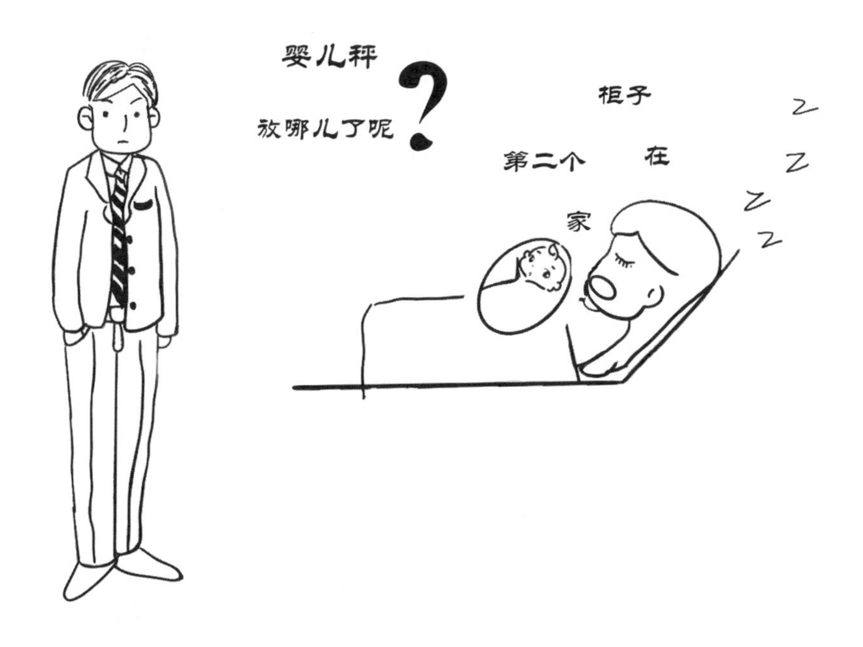

这件事情引起了Robert House医生的思考，他相信产妇是在东莨菪碱的作用下开口说话的，也就是说注射东莨菪碱后，人会在无意识的状态下给出问题的真实答案。由此Robert House大胆猜测东莨菪碱或其他麻醉剂可以让人如实回答问题，或许可借此审问犯人，他将具有这类效果的药物称为“吐真药”。后来，为了让犯罪嫌疑人说实话，除了东莨菪碱，美国警方还尝试使用硫喷妥钠、异戊巴比妥等药物，希望让罪犯开口吐真言。

其实，**所谓的“吐真药”就是镇静剂或麻醉药，主要是干扰人的逻辑思维能力、判断能力和更高级的认知功能。**使用了“吐真药”以后，神经会处于松弛状态，人会在无意识的状态下给出问题的真实答案。然而，所谓的“吐真药”却无法被证实具有能促使服药者讲真话的效果而遭到许多科学家的否定和质疑。

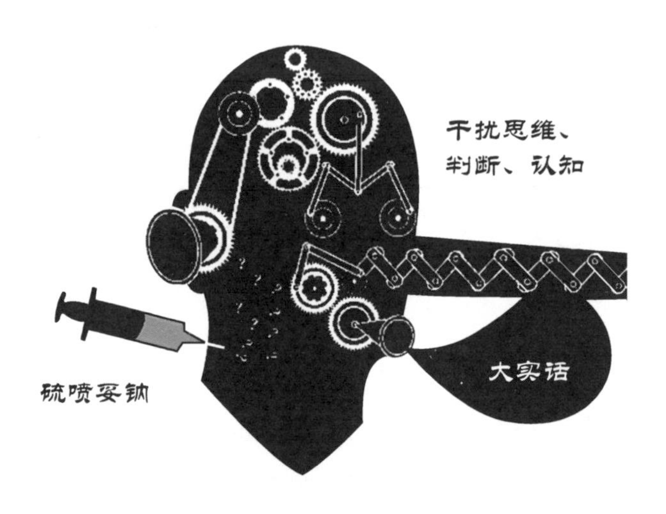

>>>>>>>>>

八、奇怪的分离麻醉

——氯胺酮

氯胺酮是目前唯一具有确切镇痛作用的静脉麻醉药，但是在发挥全身麻醉效应时却表现为一种特殊的“分离麻醉”现象。**分离麻醉是指在实施全身麻醉后，意识尚清醒，但感觉已消失的状态，也就是意识与感觉暂时分离的一种状态。**

氯胺酮主要抑制丘脑和新皮质系统，可选择性阻断痛觉冲动的传导，产生镇痛作用；同时又能兴奋脑干及边缘系统，引起意识模糊。所以，与其他麻醉药物不同，使用氯胺酮的患者虽然痛觉消失，但对外界刺激仍然有反应，表现为僵直状，对声音、光亮刺激有反应，会转头听声音或者看光亮处，仿佛患者还有意识。这就是氯胺酮的“分离麻醉”现象。

>>>>>>>>>

九、麻醉药也能治疗抑郁症

——氯胺酮快速抗抑郁

抑郁症发病率和自杀率逐年增高，严重危害人类健康和生命安全。

抑郁症是以心境低落、思维迟缓、睡眠障碍、意志减退、认知损害和自杀自残等为主要临床特征的情感障碍。

抑郁症并不是简单的心理问题，而是大脑发生了病理性改变。大脑中 5- 羟色胺水平与情绪调控有关，目前临床应用的抗抑郁药大多是通过提高神经突触间隙 5- 羟色胺的水平而达到缓解抑郁的效果。

但是这些传统的抗抑郁药起效缓慢，不良反应明显，需要持续用药几周甚至几个月才见效，并且对临床 1/3 的抑郁症患者治疗效果不佳。

氯胺酮是一种静脉全身麻醉药，却被发现能够治疗难治性抑郁症和即将发生自杀风险的重度抑郁症。

相比传统的抗抑郁药，**氯胺酮起效快，在数小时内就能显著改善患者的抑郁症状**，甚至减弱自杀念头，仅一剂亚麻醉剂量的氯胺酮就能对抑郁症状产生长达 2 周的缓解作用，对难治性抑郁症更是疗效显著，**成为抗抑郁领域近几十年来最耀眼的“明星药物”**。

氯胺酮也会造成分离性幻觉等不良反应，并伴有成瘾风险，极大地限制了它的临床应用。

因此，研发更理想的快速起效的新型抗抑郁药，是科学家们一直努力的方向！

十、会穿“墙”的气体

——七氟烷

你知道吗？有些气体本身并不是气体，而是从液体挥发而来的。比如吸入麻醉药“七氟烷”在常温常压下是液体状态，但是由于其具有很强的挥发性，可以轻易从液体状态变成气体。正是由于这一特性，才使得液体状态的七氟烷可以通过呼吸道吸入体内，通过肺泡进入血液后，七氟烷暂时还不能完成麻醉大脑的任务，只有从血液中进入大脑后才能发挥全身麻醉作用。

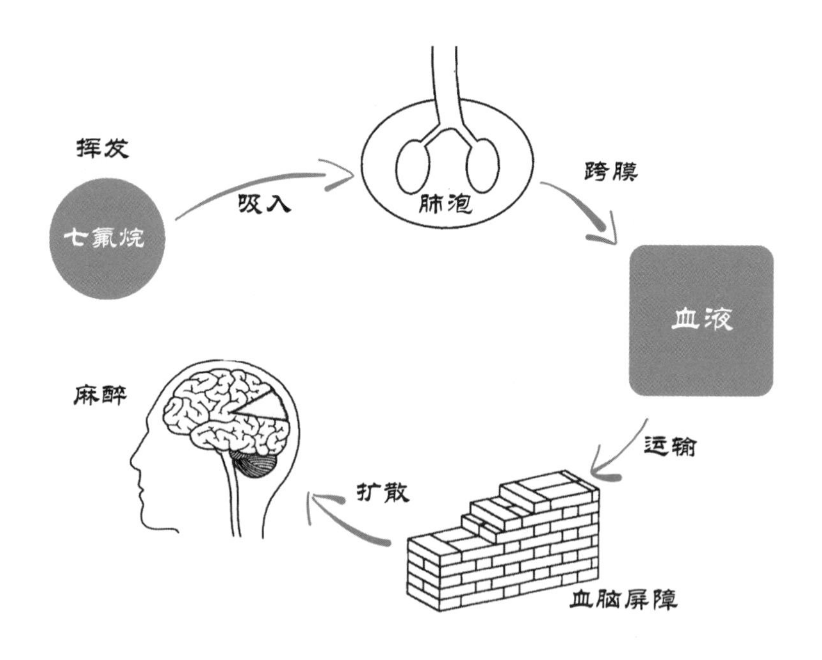

但是在血液和大脑之间有一堵密不透风的“墙”，可以阻止很多物质在血液和大脑之间自由通行，这堵“墙”的名字叫“血脑屏障”。七氟烷天生具有“穿墙”的本领，任凭“血脑屏障”这堵“墙”如何严实，也不能阻挡七氟烷穿透它的决心。原来**七氟烷天生具有很强的脂溶性，而“血脑屏障”这堵“墙”是由富含脂质的生物膜组成的结构，所以七氟烷可以轻松溶解在这堵“墙”中，并从七氟烷浓度较高的血液一侧扩散到浓度相对较低的大脑中，从而完成麻醉大脑的光荣使命。**七氟烷这种无须碰得头破血流就能毫发无损“穿墙”的本领是不是很神奇呢？

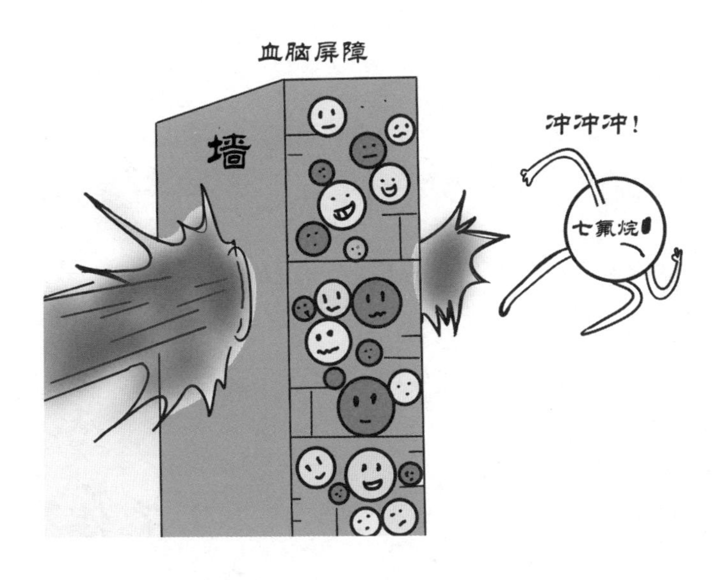

第七章

围手术期的不良反应

——麻醉毒理

>>>>>>>>>

一、只麻醉妈妈，不麻醉宝宝
——剖宫产麻醉药物的选择

当胎儿难以顺产时，需要及时进行剖宫产。麻醉对于剖宫产是必不可少的，可是为了胎儿的安全，我们只能麻醉妈妈，不能麻醉宝宝。因此，选择合适的麻醉药和麻醉方式非常关键。全身麻醉药可以通过胎盘屏障和血脑屏障，但是当用于剖宫产麻醉时，不仅可以麻醉妈妈，而且对胎儿的大脑也有一定的麻醉作用，可以导致胎儿宫内缺氧，还可导致胎儿娩出以后出现呼吸抑制。因此，全身麻醉药不适合用于剖宫产手术。

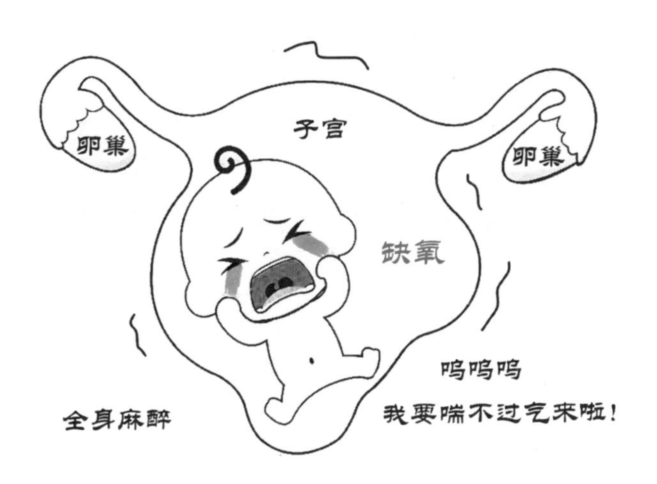

而局部麻醉药通过椎管内麻醉，可以消除孕妈腹部和下肢的痛觉，并且局部麻醉药不会进入胎儿体内。因此，**利用局部麻醉药进行椎管内麻醉是剖宫产手术的理想选择。**

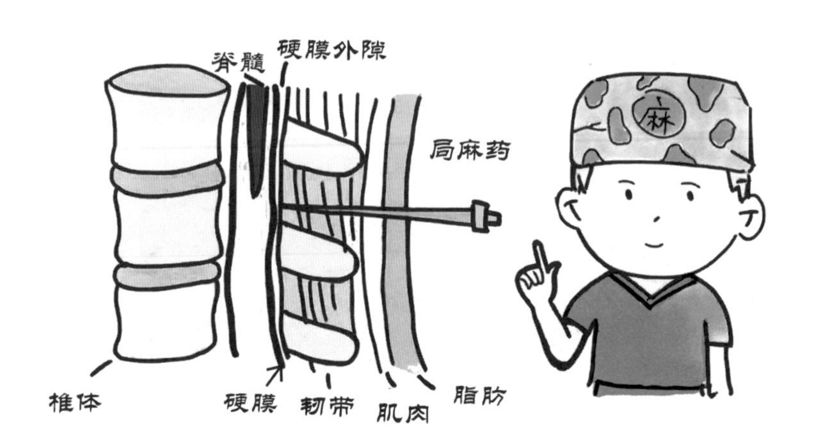

二、体位正确了，麻醉才安全
——局部麻醉药的椎管内麻醉

麻醉医生在进行椎管内麻醉时会让患者摆特殊的姿势。椎管内麻醉开始时，需要患者取侧卧位，双手抱膝，大腿贴近腹壁，头尽量向胸部屈曲，腰背向后弓成弧形，以便于将麻醉针穿刺进入椎管内。

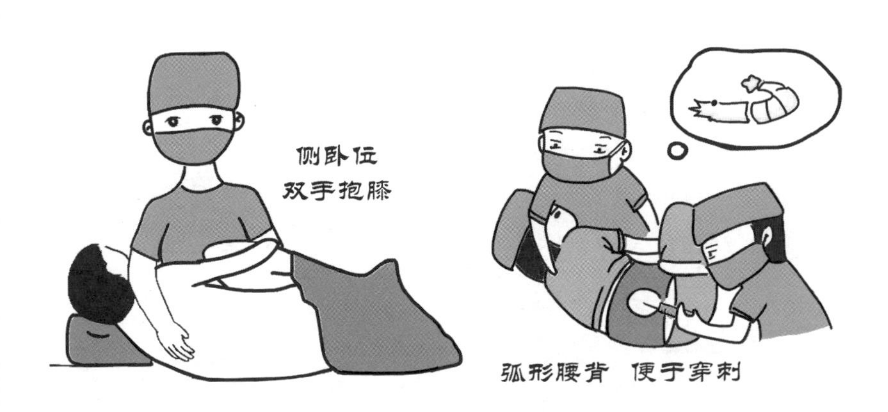

穿刺成功后应尽快将患者调整为仰卧位，并根据麻醉范围需要，改变手术床的坡度，进行患者麻醉平面的调整，以防止局部麻醉药所达水平面过高引起呼吸肌麻痹、低血压和脑缺血、缺氧。因此，**要想保证局部麻醉药椎管内麻醉的安全，必须保证患者在不同的麻醉阶段保持正确的体位和姿势。**

>>>>>>>>>

三、麻醉安全的守护神

——麻醉深度监测

麻醉深度是指全身麻醉药抑制伤害性刺激下中枢、循环、呼吸功能及应激反应的程度。全身麻醉由镇静镇痛、抗伤害性刺激和肌肉松弛三要素组成，只有同时使三要素都达到合适状态，才能获得理想的麻醉深度，但由于全身麻醉三要素产生的机制不同，目前没有一种技术或参数能够同时监测三个要素，所以，麻醉深度仍采用对不同要素分别监测的方法。

不适宜的麻醉深度则会对人体产生不同程度的伤害。如麻醉深度过浅就会引起显著的应激反应、代谢异常、耗氧增加，甚至引发术中知晓，导致创伤后应激障碍（PTSD）；而麻醉深度过深则会导致患者应激反应低下，呼吸抑制、循环抑制和苏醒延迟，甚至死亡。

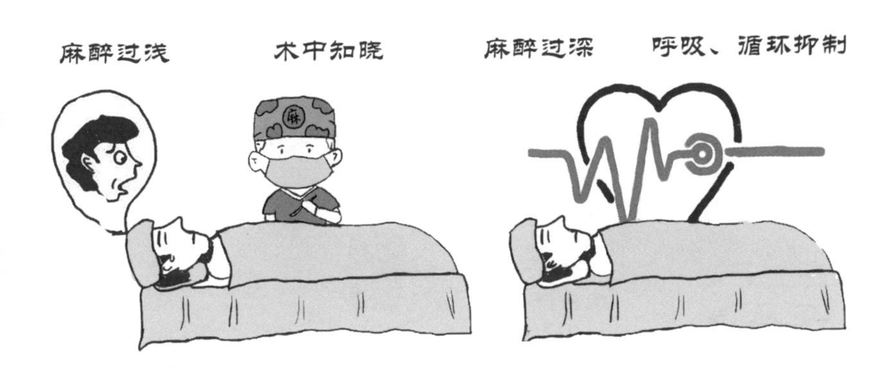

目前临床上采用脑电双频指数（BIS）监测麻醉深度，一般认为BIS值85～100为正常状态，65～85为镇静状态，40～65为麻醉状态，低于40可能呈现爆发抑制。精准监测麻醉深度为全身麻醉的安全和质量保驾护航。

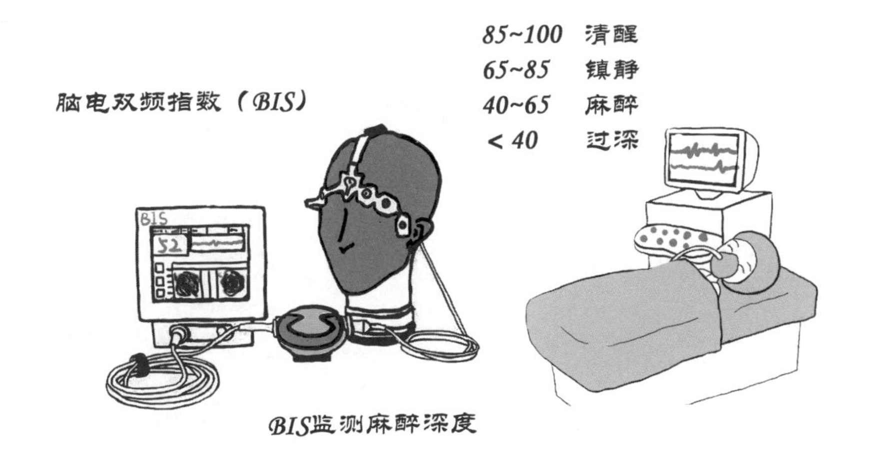

BIS监测麻醉深度

四、细思极恐的术中知晓

——全身麻醉药剂量要足够

手术进行时患者应该失去意识和记忆，也就是常说的术中遗忘。但是不成功的全身麻醉却会导致患者术中知晓，此时患者意识恢复，遗忘作用消失，但是肌肉松弛和镇痛作用尚存在。

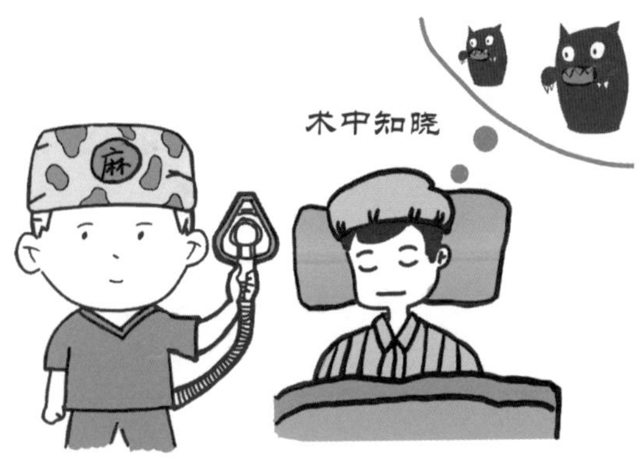

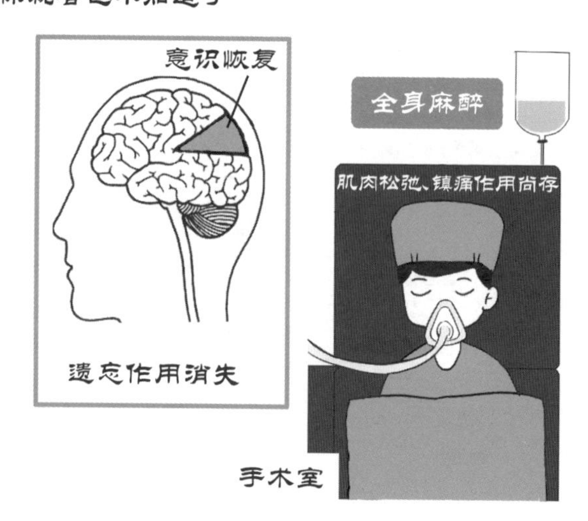

在这样的麻醉状态下，患者可存在记忆，能听见周围环境的声音和感受到手术操作的过程，但是却无法动弹，导致患者在手术结束后可以回忆起手术过程中不舒服的可怕情景。

发生术中知晓的主要原因是全身麻醉药用量不足而导致的麻醉深度过浅，未能使大脑在手术过程中持续抑制，达到意识消失的状态。因此，精准控制全身麻醉药的用量并且进行麻醉深度的实时监测，对于避免术中知晓至关重要。

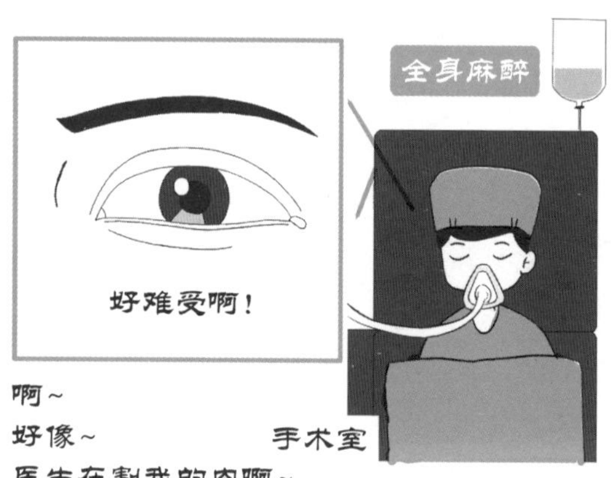
全身麻醉
好难受啊！
手术室
啊～
好像～
医生在割我的肉啊～

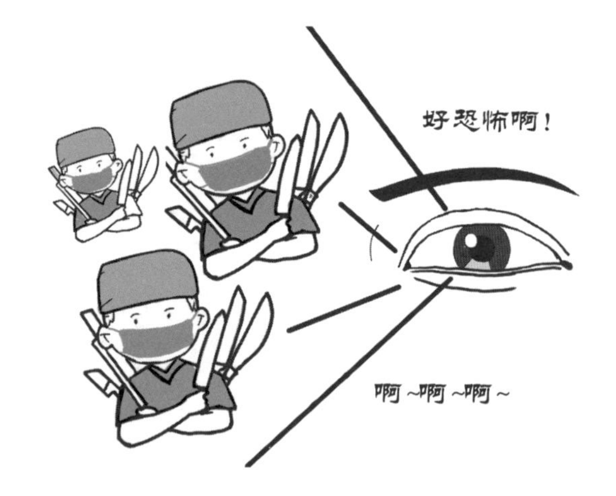
好恐怖啊！
啊～啊～啊～

五、不该产生的全身作用
——局部麻醉药的中枢神经毒性

局部麻醉也称部位麻醉，是指在患者神志清醒状态下，将局部麻醉药（简称局麻药）应用于身体局部，使机体某一部分的感觉神经传导功能暂时被阻断，而运动神经传导可保持完好的状态。局麻药阻滞神经细胞上的电压门控钠离子通道，使钠离子在其作用期间内不能进入细胞内，抑制膜兴奋性，发生传导阻滞，产生局部麻醉作用。

但是**当局麻药的使用剂量过高或误将局麻药注入血管内时则会引起全身作用，主要表现为中枢神经和心血管系统的毒性反应。**局麻药对中枢神经系统的作用是先兴奋后抑制。这是由于中枢抑制性神经元对局麻药更为敏感，首先被阻滞，从而导致其对兴奋性神经元的脱抑制，出现兴奋性神经元过度兴奋的状态。初期表现为眩晕、惊恐不安、多言、震颤和焦虑，甚至发生神志错乱和阵挛性惊厥；随后兴奋性神经元也被局麻药阻滞，中枢神经过度兴奋可转为抑制，患者进入昏迷和呼吸衰竭状态。

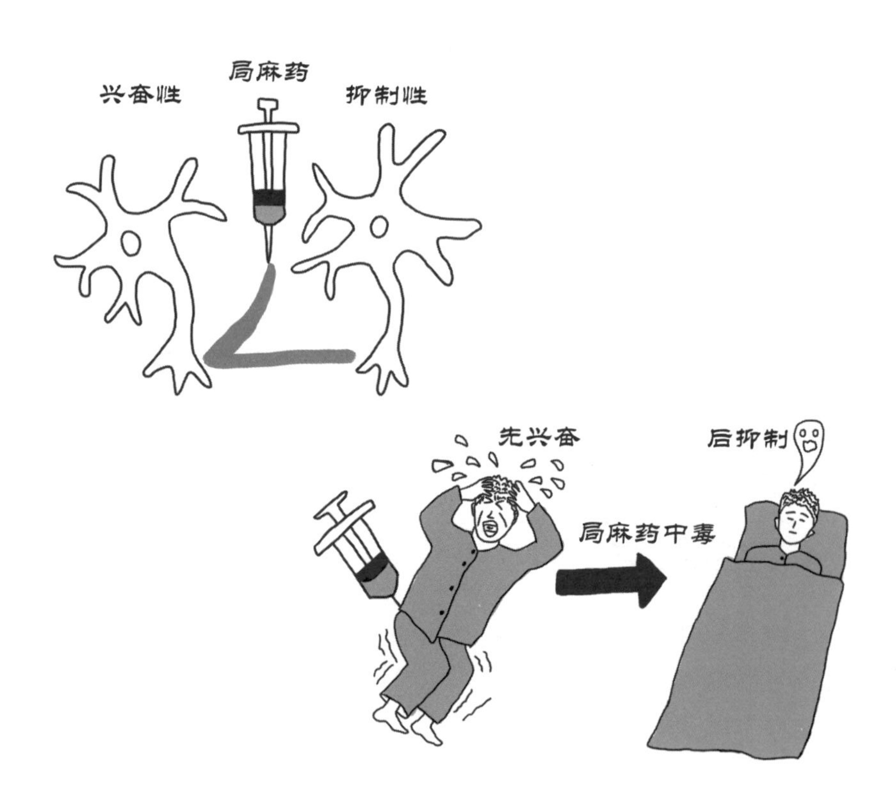

>>>>>>>>>

六、手术后变“傻”了

——术后认知功能障碍

经历了全身麻醉手术后的老年人会变“傻”吗？越来越多的临床案例证实老年患者经历全身麻醉手术后会出现术后认知功能障碍（postoperative cognitive dysfunction，POCD），主要表现为术后思维意识、学习记忆、语言、注意力、精神行为、定向和自知力等认知能力的改变。尽管近年来麻醉技术、手术操作和术中监护等方面均取得了很大的进步，大大提高了麻醉安全和手术质量，但POCD的发生率和严重程度却居高不下。

高龄是 POCD 的独立危险因素，随着人口老龄化的加速和人民对健康需求的日益提高，老年手术患者的数量日益增加，我国每年超过 3 000 万 65 岁以上患者接受麻醉手术，POCD 患者的数量也逐年递增，给家庭及社会造成沉重的经济负担。除老年因素外，心脏手术患者发生术后认知功能障碍的概率远远高于非心脏手术患者，可能与心脏手术的强烈应激和心肺分流有关。

另外，全身麻醉深度、麻醉术中机体低血压和低血氧，也是术后认知功能障碍的危险因素。

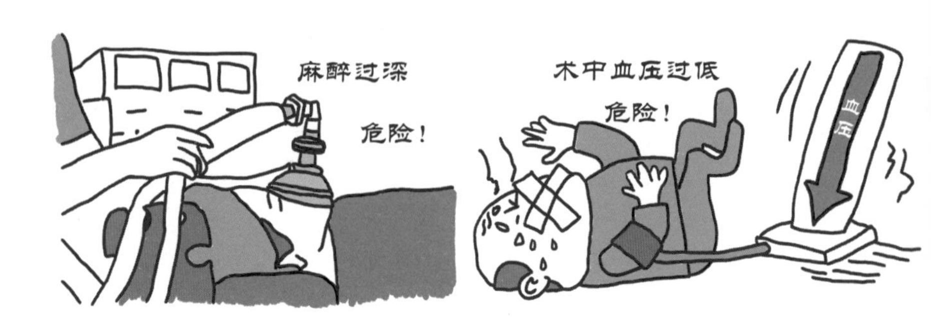

全身麻醉术后认知功能障碍的发病机制不明，临床无理想的防治方法，我们应该提高对 POCD 的认识，加强对老年人的人文关怀，尽可能降低老年患者术后认知功能障碍的发生率。

>>>>>>>>>

七、手术后变“迷糊”了

——术后谵妄

全身麻醉手术后患者会在手术后的一段时间出现急性波动性的精神恍惚状态，通常发生于患者麻醉苏醒期至术后 5 天，且症状可出现反复波动，称为术后谵妄。

近 50% 全身麻醉手术后的老年患者出现谵妄，根据临床表现的不同，谵妄分为三个亚型，即高活动型、低活动型和混合型。高活动型谵妄容易被发现，患者往往表现为不同程度的躁动、胡言乱语、妄想、伤害性动作（如拔除体内各种导管）等；而低活动型谵妄患者往往表现为嗜睡，如不进行专门的评估则很容易被忽视。

除老年人是术后谵妄的高危人群外，学龄前儿童也经常发生术后谵妄，儿童苏醒期谵妄可表现为易激惹和乱踢腿、与监护者或父母无眼神接触、不能被安抚以及对周围环境缺乏意识。因此，**麻醉医生在工作中需要重点关注“一老一小”**。

发生谵妄后，患者需保证充足的睡眠，同时家人也要合理约束患者，保证他们的安全，与他们多交流，多陪伴，避免患者发生意外。

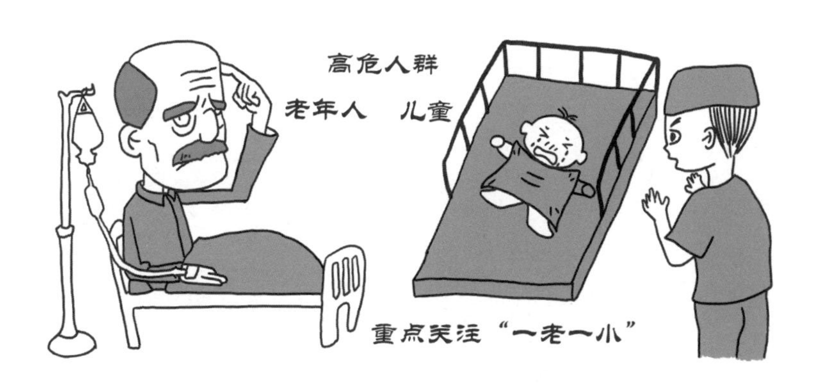

>>>>>>>>>

八、杀死迈克尔·杰克逊的凶手

——丙泊酚

2009 年夏天，一代歌王迈克尔·杰克逊意外离世，谁也没想到，背后的凶手竟然是临床常用的静脉麻醉药丙泊酚，为什么丙泊酚会有这么大的杀伤力呢？

丙泊酚由于起效快、作用时间短、苏醒迅速和无蓄积等优点而备受临床全身麻醉用药的青睐。但是如果使用不当或用药剂量偏大却可产生显著的循环功能和呼吸功能抑制作用，表现为严重的血压下降和呼吸停止。迈克尔·杰克逊的私人医生 Conrad Murray 由于疏忽，给其使用了致命剂量的丙泊酚，从而导致严重的呼吸中枢抑制，当被发现时，迈克尔·杰克逊已经停止了呼吸。

丙泊酚是一种强效全身麻醉药，属于严格管制药品，必须由专业麻醉医生管理使用。而迈克尔·杰克逊的私人医生 Conrad Murray 并不具备丙泊酚的用药资格，即使他声称是为了帮助迈克尔·杰克逊睡眠而使用丙泊酚，仍难逃脱过失杀人的犯罪指控。作为麻醉医生，一定要严格遵守麻醉药的用药规范和原则，必须在有严格监护和麻醉机的情况下才能使用，以保证使用者的生命安全，杜绝麻醉药的用药意外发生。

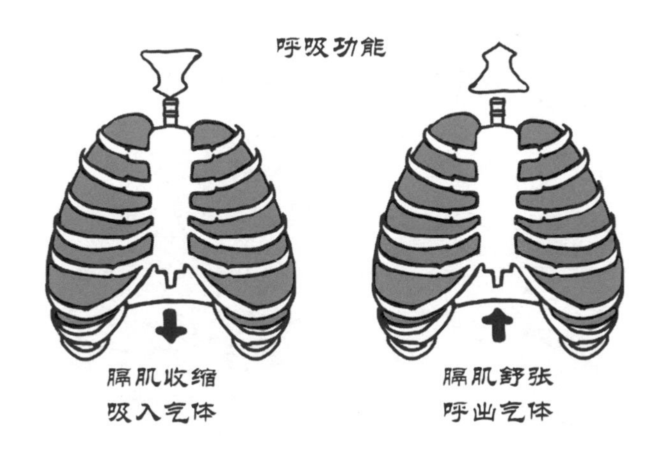

九、致命的不良反应
——丙泊酚的呼吸抑制效应

丙泊酚因速效、短效和恢复迅速的优点而备受临床麻醉医生的青睐，已逐渐成为静脉麻醉诱导、维持及镇静的首选用药。然而，丙泊酚在临床实践中发挥麻醉效应的同时，也出现了一些不容忽视的不良反应。呼吸抑制便是丙泊酚临床应用过程中极易发生的致命不良反应，即使诱导剂量的丙泊酚也可引起患者呼吸频率减慢和潮气量降低，甚至可引起呼吸暂停，其程度和发生频率大于同类的其他静脉麻醉药。

因此，**在使用丙泊酚进行临床麻醉时，一定要控制丙泊酚注射给药的速度，以 3 毫克 / 秒为佳，可在 30 ～ 60 秒内注入诱导剂量。**

在与吗啡类药物同时使用时，应减少丙泊酚的用量，以减轻药物之间出现协同不良反应。另外，使用丙泊酚进行麻醉时，一定要提供人工通气设备，以防呼吸骤停引发的麻醉意外。

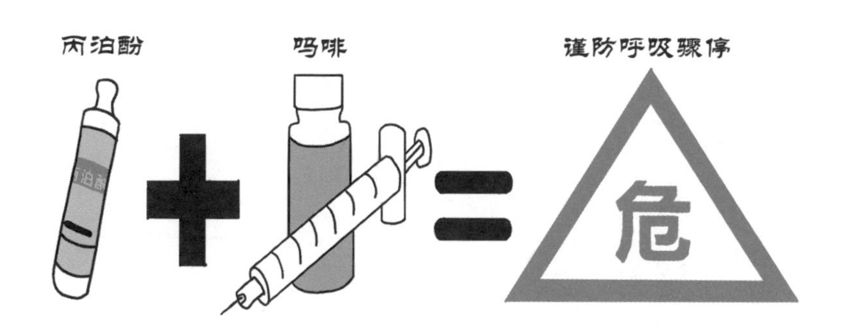

>>>>>>>>>

十、谨防血压骤降

——丙泊酚的循环抑制作用

丙泊酚具有强大的心血管抑制作用，能够显著降低外周血管阻力，减弱心肌收缩力，减少心脏射血，并且抑制交感神经活性，从而导致显著的血压下降。运用丙泊酚做单次诱导即可致动脉压一过性下降，对于术前使用阿片类和β受体阻滞剂治疗的高血压患者，其降压程度尤为严重。

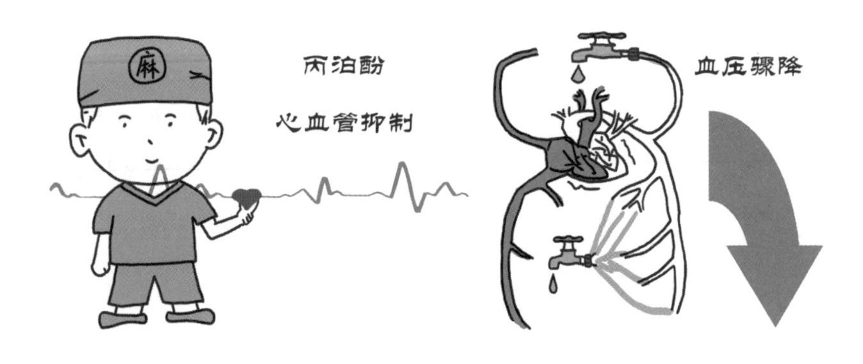

丙泊酚引起的低血压与其注射速度和注射剂量密切相关。如果运用丙泊酚过程中出现持续低血压，应降低使用剂量，使麻醉变浅，并加速补液。必要时可使用麻黄碱、去氧肾上腺素等药物升高血压，同时应用利多卡因对抗心律失常。

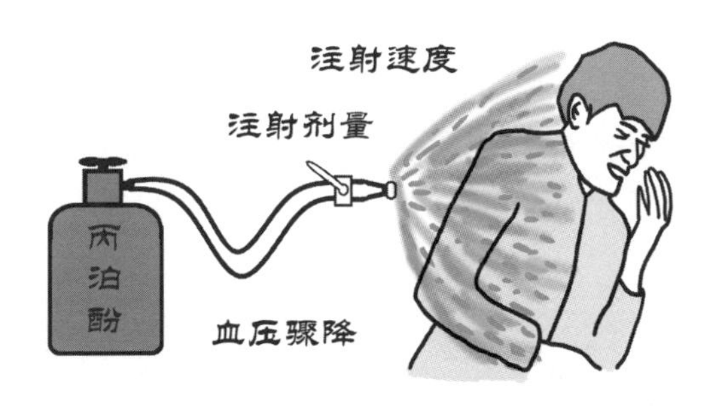

>>>>>>>>>

十一、我的外号叫 K 粉

——氯胺酮

氯胺酮，英文全称 ketamine，因其物理性状通常呈白色粉末，故俗称 K 粉。氯胺酮是临床常用的全身麻醉药，然而近几年来，关于氯胺酮的违法犯罪在我国蔓延非常迅猛。吸食氯胺酮（鼻吸方式或溶于饮料后饮用），会带来分离性幻觉和欣快感，让人上瘾，因此，**氯胺酮在临床上的使用和保存有着非常严格的规定和监管。**

氯胺酮直接作用于多处脑组织和多个神经递质系统，其滥用和成瘾过程中通常伴随严重的脑组织和功能损害，导致多种神经系统功能紊乱，例如口齿不清、言语障碍、呼吸抑制、尿频尿急。

长期滥用氯胺酮还可出现梦幻觉、过度兴奋、烦躁不安、定向障碍、认知障碍，甚至会导致暴力倾向和急性猝死。我们应该珍爱生命、远离毒品，为打造和谐平安的社会贡献自己的一份力量。

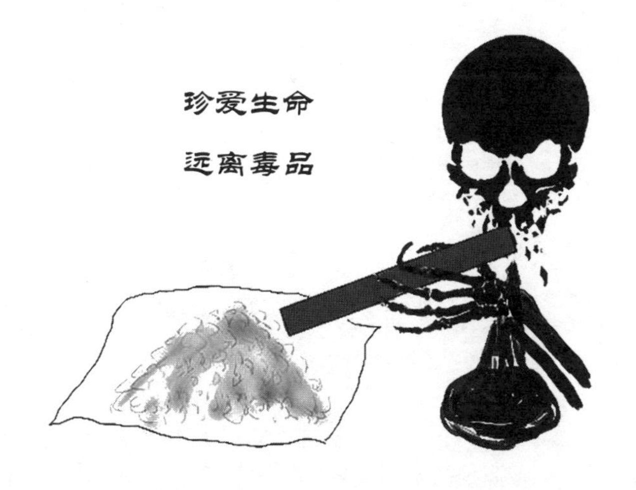

第八章

人类向往的无痛世界

——镇痛药物

>>>>>>>>>

一、天赐神药

——吗啡的诞生

吗啡（morphine）是一种阿片受体激动剂，因其具有强大的镇痛作用而备受疼痛患者的追捧和青睐。那么，你知道吗啡是如何被发现的吗？

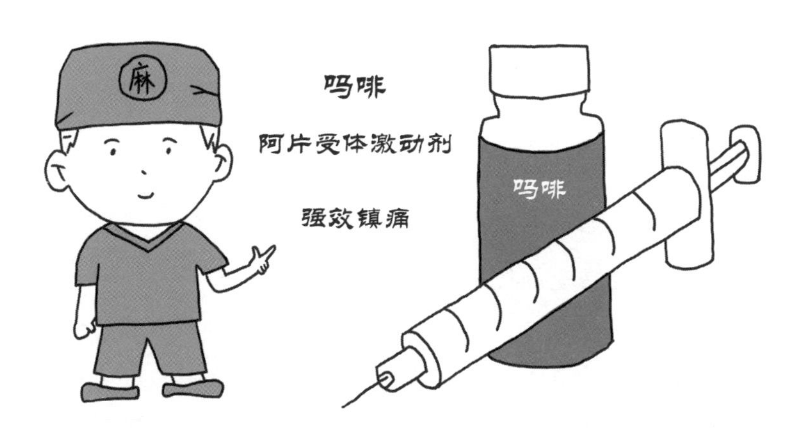

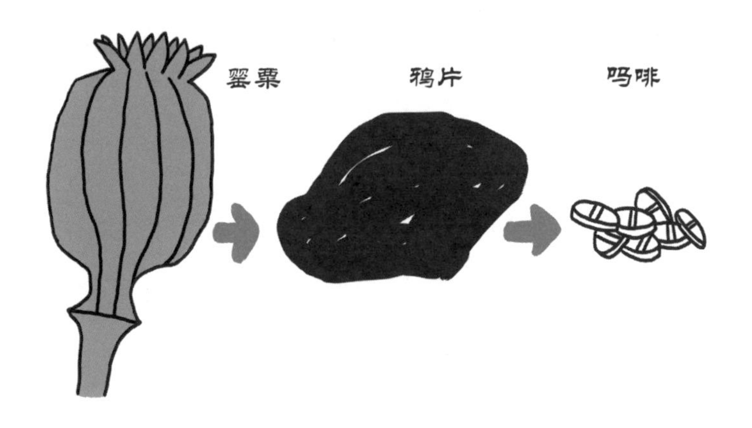

1803 年，德国药剂师泽尔蒂纳从鸦片中分离出一种呈白色粉末状的生物碱，他将这种白色粉末放到狗食里，结果发现，狗吃了之后，很快就昏倒在地，就是用木棍打它们，它们也毫无反应，而那些没吃这种狗食的狗，则活蹦乱跳。泽尔蒂纳为进一步验证这种生物碱的效果，就冒着生命危险，亲自服用了一定量的白色粉末，结果也昏了过去，差点儿丧命。幸好最后他还是醒了过来。醒来之后，他感觉自己刚刚像进入了梦幻王国一般，这不禁使他想到了古希腊神话中的睡梦之神吗啡斯（Morpheus），于是，他就将这种新化合物命名为“吗啡”（morphium，德语）。吗啡（morphine，英语）就这样诞生了！吗啡后来被证实具有强大的镇痛作用而一直被沿用至今。

>>>>>>>>>

二、揭开神秘的面纱

——吗啡的镇痛机制

吗啡及其衍生物是临床解除剧烈疼痛的主要药物，是全世界使用量最大的强效镇痛剂。那么吗啡的镇痛机制是什么呢？痛觉是机体受到伤害性刺激时，产生的一种不愉快的感觉。谷氨酸和神经肽是伤害性感觉传入末梢释放的主要神经递质。突触前、后膜均接受含脑啡肽的中间神经元调控，后者受中枢下行抑制通路控制。

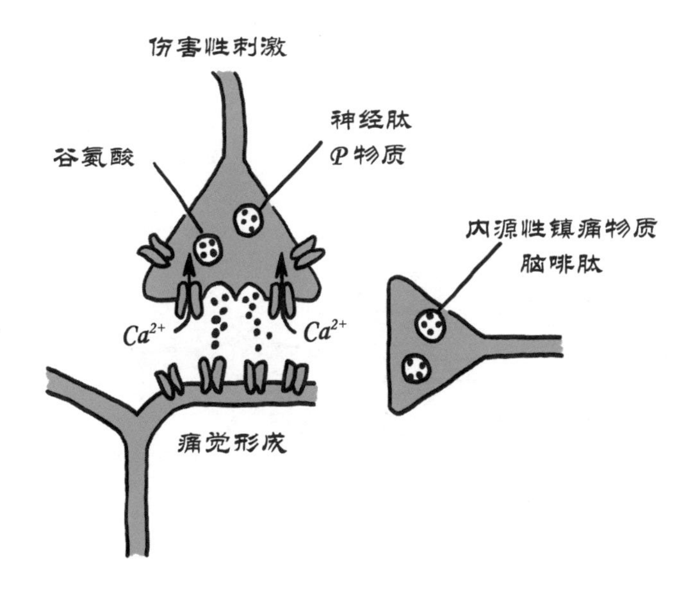

吗啡通过模拟内源性抗痛物质脑啡肽的作用，激活中枢神经阿片受体而产生药理作用，导致钙离子内流减少，钾离子外流增加，抑制 p 物质释放，从而干扰痛觉冲动传入中枢而发挥镇痛效果。

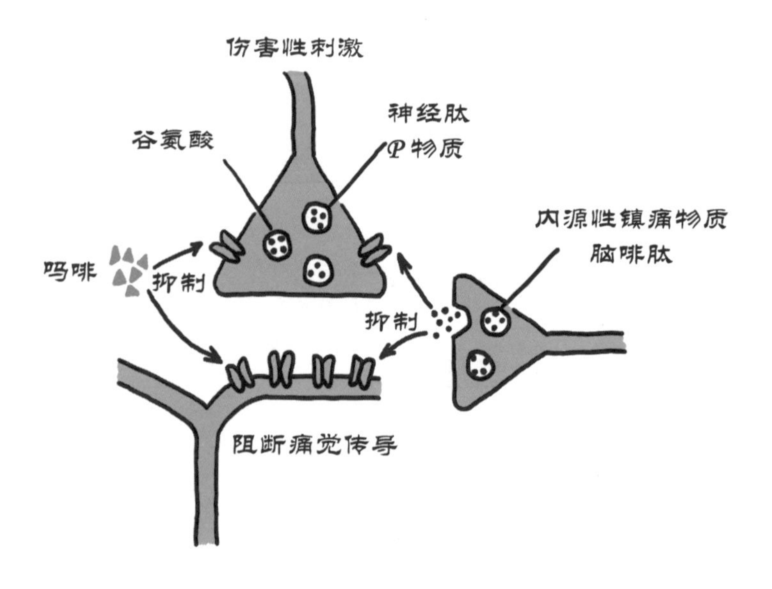

>>>>>>>>>

三、容易上瘾，请勿滥用

——吗啡的成瘾性

吗啡有非常强大的镇痛作用，可以缓解几乎所有的疼痛，尤其是持续性钝痛。那么，为什么这么好的镇痛药却被严格限制使用呢？原来吗啡在发挥镇痛作用的同时还具有使患者产生欣快感的效应，不仅能够显著改善患者的焦虑情绪，而且能够使用药者精神愉悦，久而久之吸食者无论从身体上还是心理上都会对吗啡产生严重的依赖性，从而对患者自身和社会均造成极大的危害。

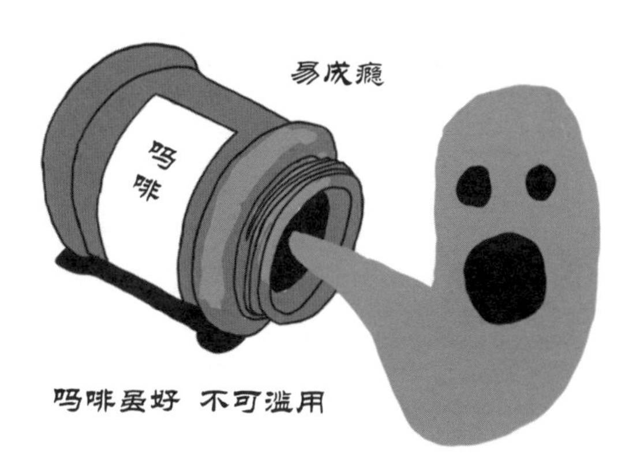

吗啡成瘾者如果突然停用吗啡可出现戒断综合征，表现为流泪、流涕、出汗、瞳孔散大、血压升高、心率加快、呕吐、腹痛、腹泻、肌肉关节疼痛及神经、精神兴奋性增高等症状，严重者还会出现虚脱和意识丧失。长期滥用吗啡可导致精神不振、消沉、思维和记忆力衰退，并可引起精神失常，甚至导致呼吸衰竭而死亡。因此，吗啡虽好，不可滥用。

四、越镇痛越疼痛

——吗啡与胆绞痛

吗啡是一种强效镇痛药，对多种难治性疼痛均有较好的镇痛效果，但是使用吗啡后却能使一种内脏疼痛明显加重，这就是我们生活中经常遇到的胆绞痛。

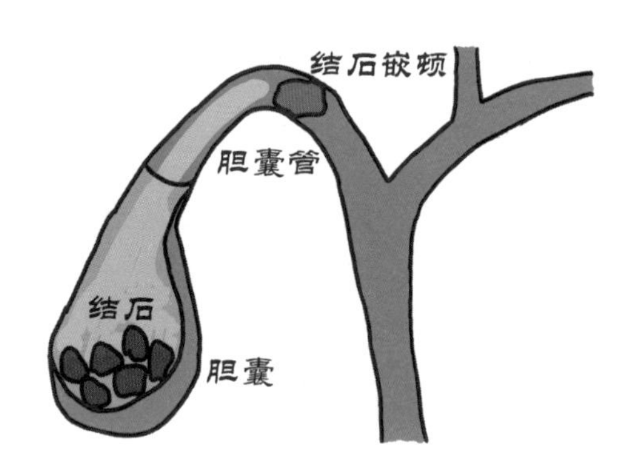

胆绞痛是指胆结石从胆囊移至胆囊管嵌顿在胆汁出口时，引起胆囊或胆总管平滑肌收缩，欲将胆结石排出而产生的右上腹部绞痛。疼痛多位于中上腹部或右上腹部，开始时呈持续性钝痛，以后逐渐加重，甚至出现难以忍受的剧痛。

吗啡可以引起包绕胆管的奥迪括约肌痉挛，不利于胆结石和胆汁的排出，增加胆囊和胆道内压力，从而加重胆绞痛的程度。

因此，**吗啡虽然镇痛作用很强，却不宜单独应用于胆绞痛的镇痛，可联合解痉药阿托品等，进行协同镇痛**，否则会导致“吗啡镇痛，越镇越痛”。

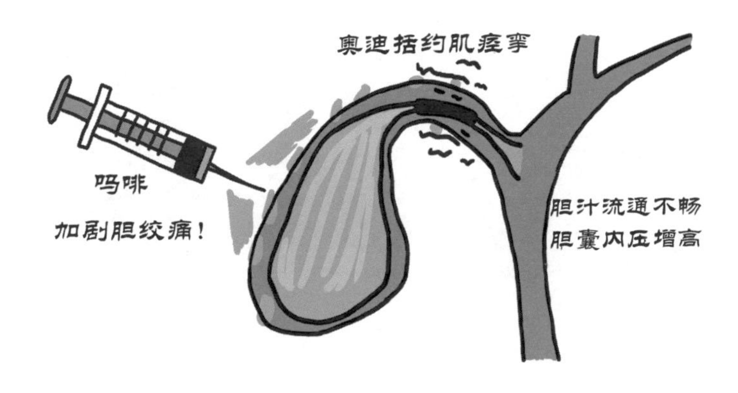

>>>>>>>>>

五、癌症剧痛的克星

——吗啡

癌痛是癌症患者晚期较为常见的症状之一，也是癌症患者最痛苦的一个过程，癌痛痛起来简直是让人痛不欲生，严重的会导致患者出现自杀现象。能否有效地控制癌痛是癌症患者晚期生存质量的关键所在。

癌痛令人痛不欲生

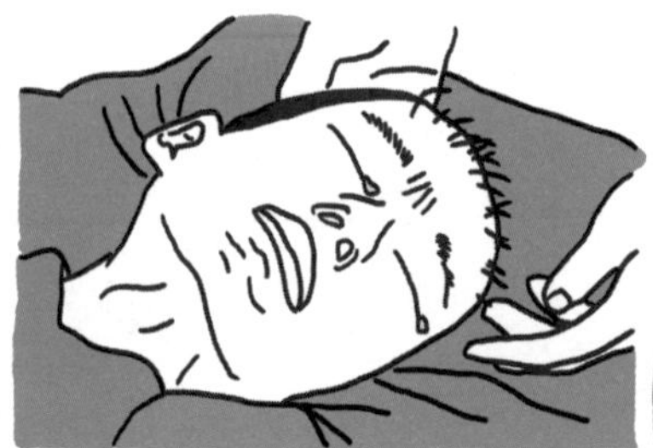

为了方便衡量疼痛的程度，医生给疼痛做了详细的划分，一般0级表示无痛，而3级就到了轻微疼痛级别，4至6级属于中度疼痛，7级以上就属于重度疼痛，女性分娩疼痛是8级，而癌痛居然可以达到10级。由于**癌痛是一种完全不同于普通疼痛的感觉，因此对于重度癌痛患者而言，普通的镇痛药很难奏效。**也许是上天垂怜人类，让镇痛超人吗啡来到了我们身边，有效地缓解了癌症患者晚期伴发的剧烈疼痛，大大提高了癌症患者临终前的生存质量。

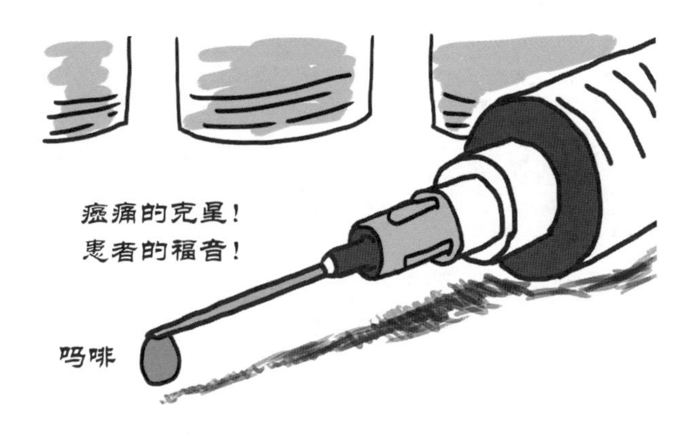

>>>>>>>>>

六、用了镇痛药反而更痛了

——阿片类药物的致痛效应

阿片类药物是治疗中、重度疼痛的较佳选择，在临床上具有广泛的应用。作为术前用药、麻醉辅助用药、复合全身麻醉的主药，以及用于术后镇痛和其他疼痛治疗等，阿片类药物具有很好的镇痛疗效。但是近年来发现，**长期应用阿片类药物会出现“止痛药”不止痛，反而“致痛”的现象。为什么会出现如此矛盾的现象呢？**

原来这种现象是由于阿片类镇痛药能够诱发机体产生痛觉过敏导致的。长时间应用阿片类镇痛药，会降低中枢神经系统对痛觉信号的阈值，使身体对疼痛刺激普遍变得更加敏感，从而导致机体对原本很弱的伤害性刺激产生过强的伤害性反应，或者对原本非伤害性的刺激产生伤害性反应，也就是我们所说的痛觉过敏和痛觉超敏。

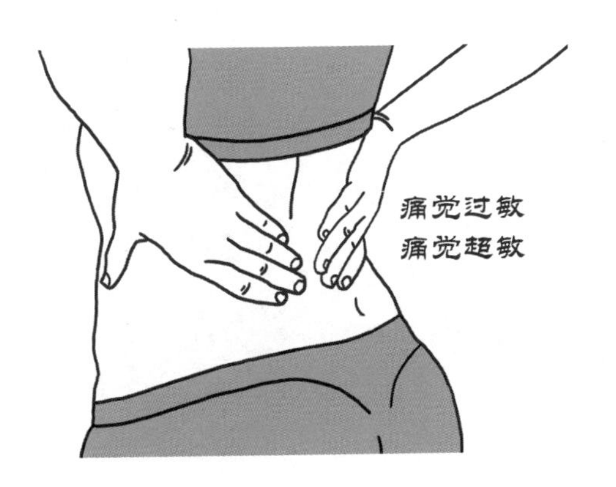

由于阿片类药物是围手术期镇痛的常用药物，我们应该对阿片类药物诱导的痛觉过敏和痛觉超敏足够地重视，避免出现“镇痛药不镇痛反而致痛”的现象。

>>>>>>>>>

七、镇痛药怎么失效了

——吗啡的耐受性

很多药物越用效果越差，甚至用着用着就失效了，比如吗啡就是这样的药物之一。为什么吗啡随着用药次数的增加治疗效果会逐渐减弱呢？这是因为所有的阿片受体激动剂，如吗啡、哌替啶等短期内反复应用均可产生耐受性，需要不断地增加用药剂量方可维持原来的镇痛效果。

阿片受体平时处于基础水平的内源性阿片样肽的作用之下，当连续给予阿片受体激动剂之后，阿片受体受到“超载”，通过负反馈机制使内源性阿片肽的释放减少。为补偿内源性阿片样肽的减少，就需要更多的阿片类受体激动剂才能维持原来的镇痛效应，这样就产生了耐受性。

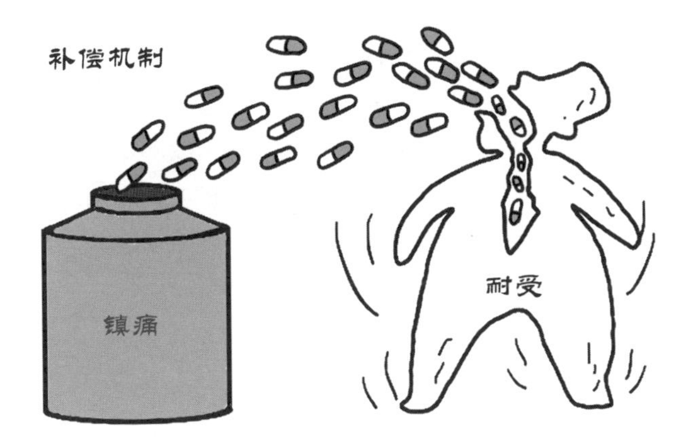

为了避免或者延缓吗啡耐受性的产生，我们一定要遵守医嘱使用吗啡镇痛，切勿滥用镇痛药。

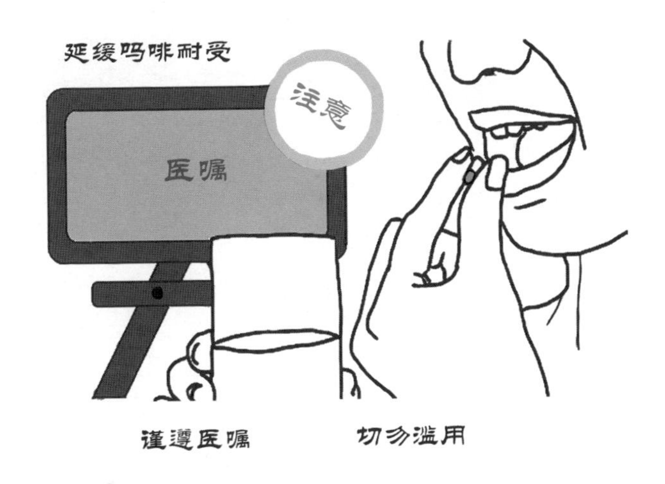

>>>>>>>>>

八、再也不怕顺产了

——局部麻醉药用于分娩镇痛

“分娩疼痛”被认为是一种甚至超越了割断手指的剧烈疼痛，让本打算顺产的准妈妈十分害怕和焦虑，从而对顺产“望而却步”。而有一种分娩，叫“无痛分娩”，在医学上称为“分娩镇痛”。它可以让准妈妈们放心选择顺产并且不再经历疼痛的折磨，减少分娩时的恐惧和产后的疲倦。

应用局部麻醉药进行椎管内给药是非常有效的分娩镇痛方法。麻醉医生在腰椎间隙进行穿刺成功后，在蛛网膜下隙注入少量局部麻醉药（如罗哌卡因）或阿片类镇痛药（如舒芬太尼）。注射后，麻醉医生会在硬膜外隙置入一根细导管，导管的一端连接电子镇痛泵，由产妇根据疼痛的程度自我控制给药，并可以持续使用直至分娩结束。

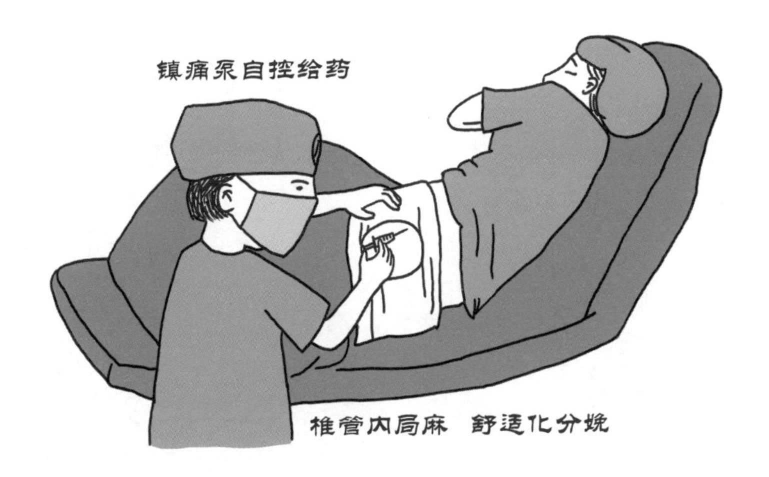

由于是局部麻醉，并且使用的局部麻醉药浓度很低，产妇在整个分娩过程中可保持清醒状态，主动参与到分娩过程中，甚至在医生的允许下产妇还可以下床活动。由于局部麻醉药只注射到产妇椎管内，一般不会吸收进入胎儿体内，所以对胎儿的安全可以提供充分的保障。有了局部麻醉药椎管内分娩镇痛技术，准妈妈们再也不用怕顺产时的分娩剧痛了。

>>>>>>>>>

九、告别不适的胃肠检查

——无痛胃肠镜

胃肠镜常常被戏称为“畏长镜”，那是因为患者在接受传统胃肠镜检查时常常伴有恶心、呕吐、腹胀和腹痛等不适，令患者痛苦和恐惧。虽然在做普通胃肠镜之前一般都会喝利多卡因胶浆进行局部麻醉，但上消化道仍然会出现较为强烈的不适感。

无痛胃肠镜也称为“睡眠胃肠镜”，是麻醉技术与胃肠镜检查技术的有机结合。做无痛胃肠镜检查前，医生会先通过静脉给予患者一定剂量的短效全身麻醉药（如丙泊酚），帮助患者迅速进入镇静、睡眠状态。

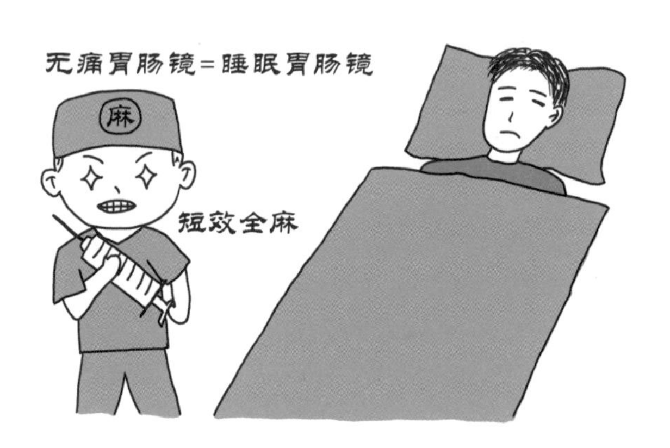

无痛胃肠镜检查大大减轻了患者的痛苦，并避免患者产生一些不良应激反应，保证患者在不知不觉中就完成检查，大大提高了患者的舒适度和检查结果的准确性。“无痛胃肠镜”检查技术的出现为消化道疾病患者带来了福音，特别适合心理紧张和胆怯的胃肠疾病患者。

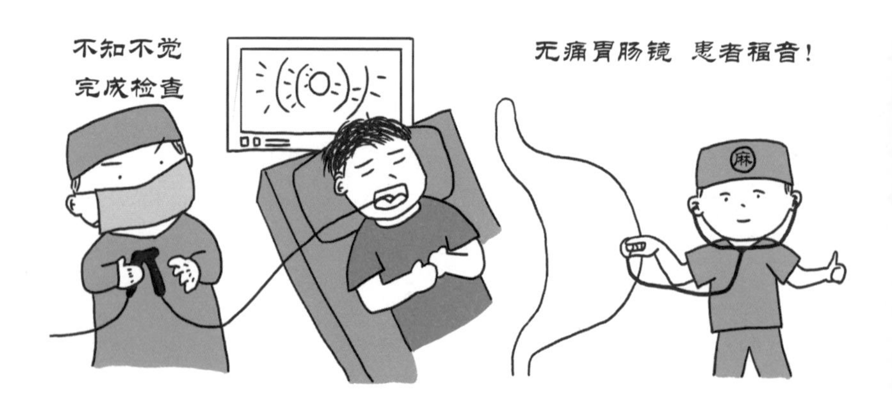

十、“一箭三雕”的解热镇痛抗炎药
——阿司匹林

有一种药物同时具有退热、镇痛和抗炎三大效应，这就是大名鼎鼎的阿司匹林。阿司匹林最初提取自柳树皮，学名为“乙酰水杨酸”，已有100多年的应用历史，被誉为医药史上的常青树。

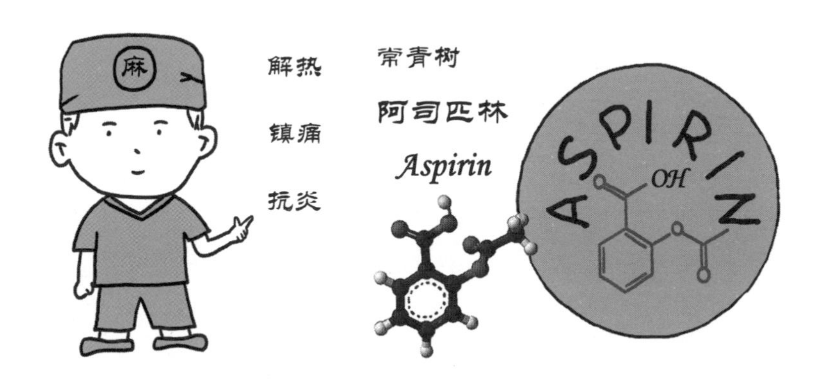

阿司匹林为何能够同时发挥解热、镇痛和抗炎作用呢？这要从一种叫作花生四烯酸的物质说起。花生四烯酸以磷脂的形式存在于细胞膜中，游离的花生四烯酸在环氧化酶（COX）的作用下转变为前列腺素。COX在体内有两种同工酶：COX-1与COX-2，两者都作用于花生四烯酸产生相同的代谢产物前列腺素，而过多产生的前列腺素可引起组织炎症、体温升高和疼痛感觉。阿司匹林属于环氧化酶的强效抑制剂，可以阻断花生四烯酸转化为前列腺素，从而发挥抗炎、退热和镇痛的作用。

>>>>>>>>>

十一、牙痛镇痛明星

——双氯芬酸钠

俗话说“牙痛不是病，痛起来要人命”，这话不无道理。牙齿虽然是我们身体中最坚固的器官，但是若不注意保护，口腔炎症却能“以柔克刚”，诱发非常折磨人的“牙痛”。

这种钻心的牙痛实在是令人难以忍受！找到有效的镇痛药是所有牙痛患者梦寐以求的。幸好非甾体抗炎药可以通过抑制口腔炎症而减轻牙痛，“双氯芬酸钠”便是其中的代表药物之一。双氯芬酸钠主要是通过抑制环氧化酶活性，阻断花生四烯酸向前列腺素转化，从而起到为口腔消炎、镇痛的效果。因此，**双氯芬酸钠也被誉为外周镇痛的明星药物之一。**

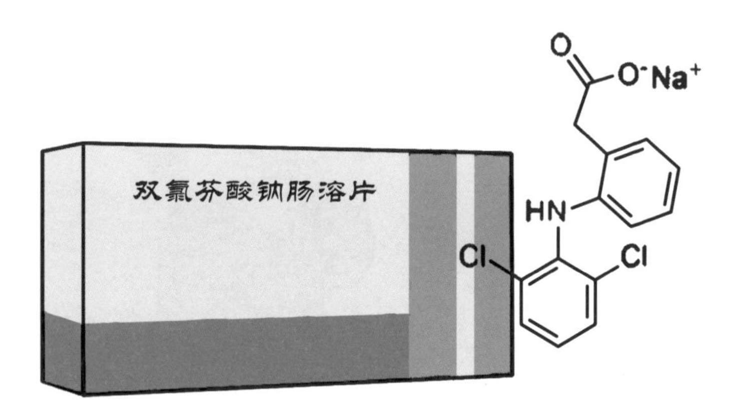

>>>>>>>>>

十二、护胃使者

——肠溶片

很多药物被制成“肠溶片”的制剂形式，你知道这其中的科学道理吗？肠溶片是指药物口服后，在经过食管和胃的过程中药物并不崩解，而在肠道内却能够崩解和吸收的一种片剂，它通常是在普通片剂外面包裹一层肠溶包衣。

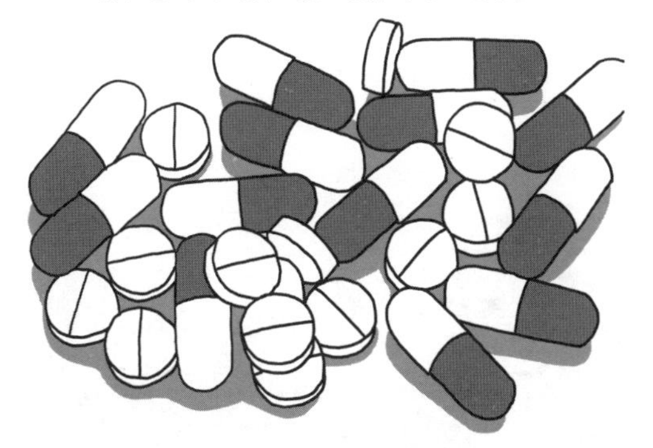

药物被制成肠溶片的目的主要有两个，其一，是由于药物本身具有很强的胃黏膜损伤作用，如果制成普通制剂服用，药物则会在胃内崩解并且导致严重的胃黏膜损害，引起恶心、呕吐、胃痛，甚至导致严重的胃溃疡等病变。阿司匹林和双氯芬酸钠等非甾体类解热镇痛抗炎药就是容易造成胃黏膜损伤的典型药物。所以，我们应用的都是阿司匹林肠溶片和双氯芬酸钠肠溶片。其二，有些药物在胃液酸性条件下不稳定，易分解失效，只有在肠道中才能够更好地吸收。制成肠溶片便可以防止药物在胃内崩解失效，从而保证治疗效果。

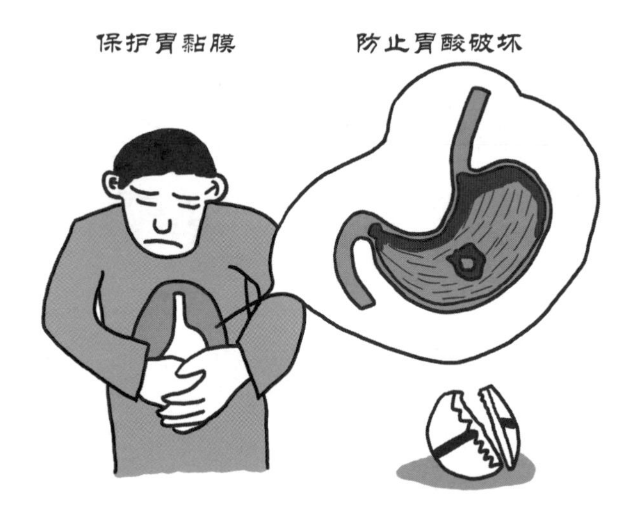

第九章

循环系统的安全卫士

——心血管系统药物

>>>>>>>>>

一、心跳太快了怎么办

——维拉帕米

有一种心跳加速叫做阵发性室上性心动过速，是指起源于心房或房室交界区的心动过速，主要是由于折返激动、自律性增加和触发活动引起的。患者心率可达到150～250次/分，胸腔内有强烈的心跳感，心脏就像要从喉咙飞出来一样，因此，患者表现出极度的紧张恐慌和焦虑情绪，甚至会发生晕厥和猝死。

遇到这种情况千万不要恐慌，维拉帕米（异搏定）可以帮助你减慢心率。维拉帕米是一种钙通道阻滞剂，通过抑制窦房结 4 期自动除极化时钙离子内流降低其自律性，同时还能抑制房室结 0 期除极化钙离子内流，减慢其传导，最终能够迅速减慢过快的心跳。

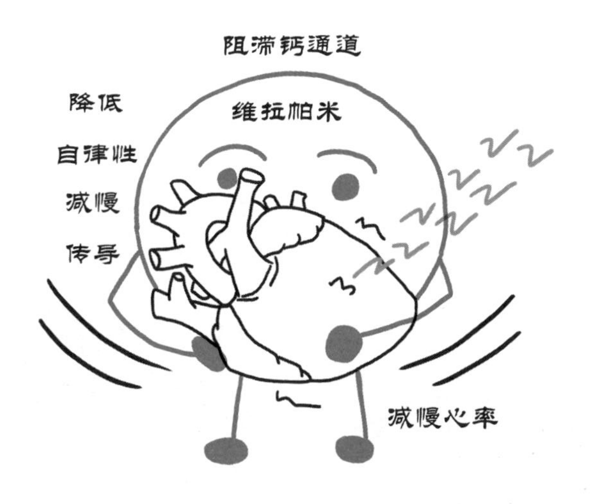

维拉帕米阻断钙离子通道的作用点位于细胞膜内侧，因此心跳越快，钙离子通道开放频率越高，维拉帕米就越容易进入细胞内，从而阻滞钙离子通道的作用就越强。维拉帕米的这种频率使用依赖性也是其治疗快速型心律失常的理论基础。

>>>>>>>>>

二、心跳太快雪上加霜

——硝苯地平

很多心跳加速是由于心脏窦房结的自律性或房室结的传导性增强导致的。由于窦房结和房室结均是心脏的慢反应细胞，其动作电位 4 期的自动除极和 0 期的快速去极化均是由钙离子内流介导的。因此，钙通道阻滞剂可以通过抑制钙离子内流降低窦房结的自律性和减慢房室结的传导性，从而治疗心动过速。可是硝苯地平虽然是钙通道阻滞剂，却可以使原本加快的心率变得更快，为什么本来应该能够减慢心率的钙通道阻滞剂却导致了这种变本加厉的心跳加快呢？

硝苯地平虽然可以通过抑制窦房结和房室结的钙离子内流发挥直接减慢心率的效应，但是硝苯地平同样也能抑制血管平滑肌细胞的钙离子内流，降低血管细胞内的钙离子浓度，从而显著舒张血管，发挥强大的降低血压效应。这种强大的降压作用能够代偿性激活交感神经系统，从而兴奋心脏，使心跳加快。

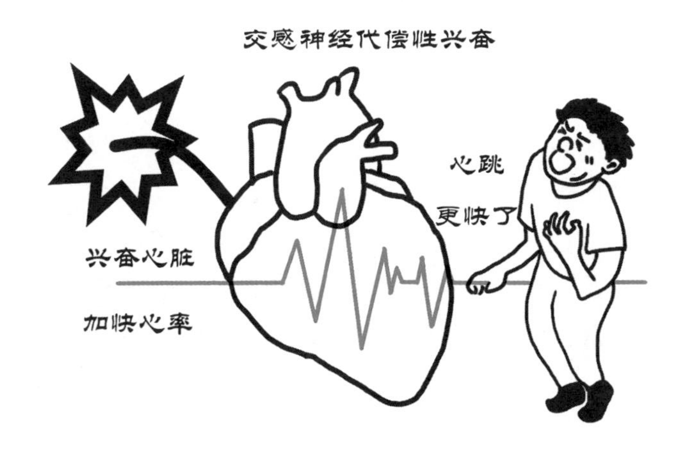

由于这种代偿性激活交感神经引起的心跳加快甚至超过了硝苯地平对心脏的直接抑制效应，所以整体表现为用药后心率不减慢反而加快。因此，**硝苯地平虽为钙通道阻滞剂，却不能用于治疗快速型心律失常，否则只能诱发“雪上加霜”的后果。**

三、心脏补钙

——地高辛的强心作用

地高辛属于强心苷类药物，作为强心药用于心力衰竭的治疗已有200余年的历史。

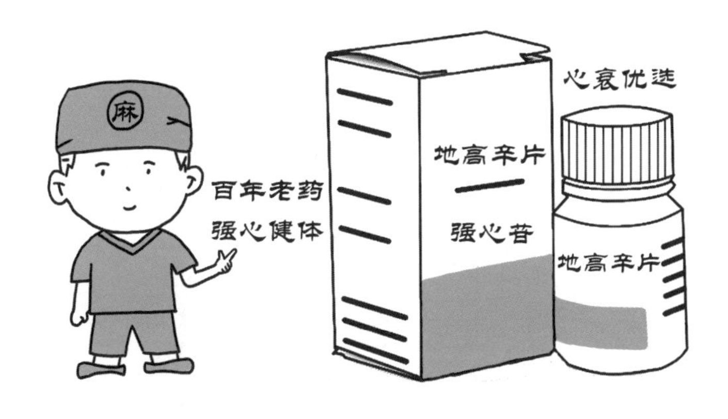

为什么地高辛能够增强心肌收缩力呢？原来，地高辛对心肌细胞膜上的 Na^+-K^+-ATP 酶具有强大的抑制作用，导致 Na^+-K^+-ATP 酶不能及时将动作电位去极化阶段流入心肌细胞内的 Na^+ 泵出细胞外，也不能将复极化阶段流出细胞外的 K^+ 及时地泵入细胞内，导致心肌细胞内 Na^+ 浓度显著升高，而升高的 Na^+ 能够激活 Na^+-Ca^{2+} 交换子，从而又导致心肌细胞内的 Ca^{2+} 浓度显著升高。

心肌属横纹肌，含有由粗、细肌丝构成的与细胞长轴平行的肌原纤维。当心肌细胞内 Ca^{2+} 浓度升高时，Ca^{2+} 和肌钙蛋白结合，触发粗肌丝上的横桥和细肌丝结合并发生摆动，从而增强心肌细胞的收缩力量。地高辛为心脏“补钙”从而发挥强心作用的功能是不是很神奇呢？

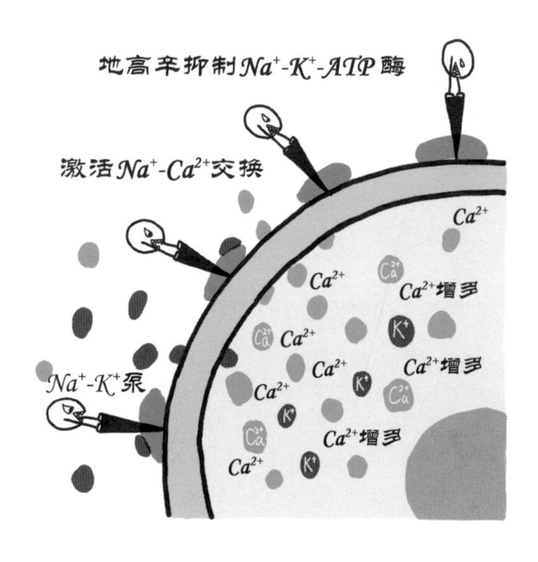

>>>>>>>>>

四、心率魔术师

——地高辛诱发心律失常

地高辛在治疗心力衰竭时能够改变患者的心跳速度，并且表现为既可以减慢心率，又可以加快心率。地高辛为什么会产生相反的心率调节作用呢？原来，地高辛在正常治疗剂量时通过增强心肌收缩力提高了心脏的射血量，从而导致迷走神经兴奋。迷走神经兴奋能够促进心肌细胞内 K^+ 外流，导致静息电位水平更低，从而降低窦房结的自律性。而窦房结是整个心脏正常搏动的“指挥部”，窦房结的自律性下降自然也就减慢了心衰患者的心率。

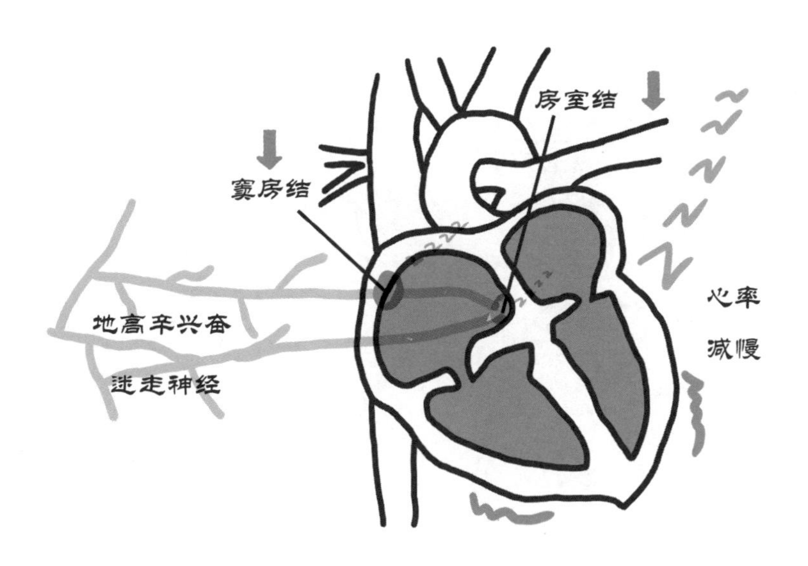

但是，当地高辛使用剂量过大时，由于过度抑制心肌细胞膜上的 Na^+-K^+-ATP 酶，使其不能将动作电位复极化阶段流出细胞外的 K^+ 及时地泵回细胞内，导致心肌细胞内 K^+ 显著减少，从而引起下一次动作电位复极化不完全，静息电位水平升高，提高了心室浦肯野纤维的自律性，使心脏跳动频率加快。因此，地高辛发挥"心率调节魔术师"的作用严格依赖于其使用的剂量，我们应该精准用药，防止地高辛中毒引起的快速型心律失常。

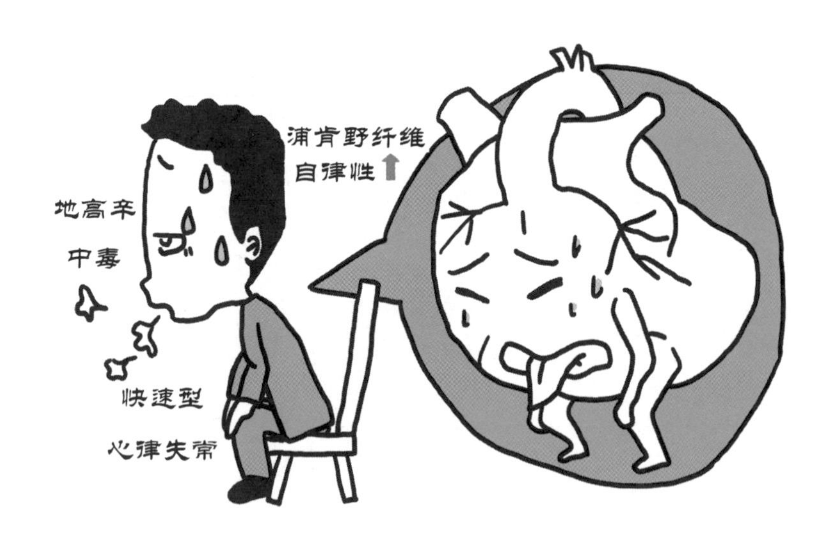

五、没有痰液的咳嗽

——卡托普利

呼吸道感染时气道会产生炎症反应并伴有明显的咳嗽，这种由细菌感染导致的咳嗽会咳出大量的痰液。然而有一种咳嗽虽然十分剧烈却没有痰液咳出，我们把这 种特殊的咳嗽称作“无痰干咳”。

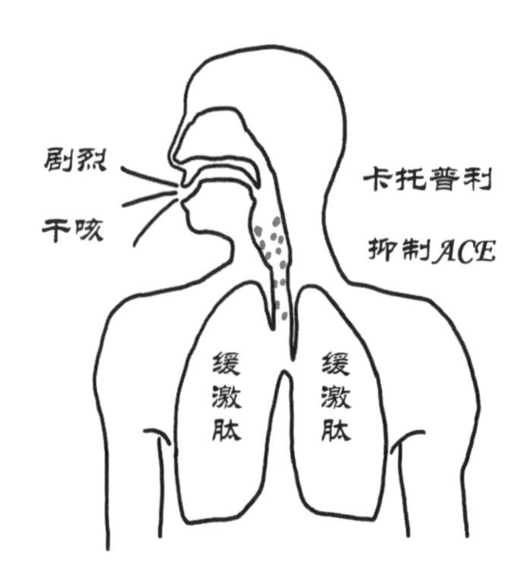

说到“无痰干咳”，一定会想到一种叫作“卡托普利”的药物，因为无痰干咳是卡托普利的常见不良反应。卡托普利属于血管紧张素转化酶（ACE）抑制剂，通过抑制血管紧张素转化酶（ACE）的活性阻断血管紧张素Ⅰ转化为血管紧张素Ⅱ，而后者是一种能够引起血管强烈收缩和升高血压的物质。因此，卡托普利是一种很好的抗高血压药物。但是血管紧张素转化酶同时能够降解体内的缓激肽，而缓激肽除了能舒张血管降压外，还能够刺激呼吸道引起剧烈咳嗽。卡托普利通过抑制血管紧张素转化酶活性，不仅能够减少血管紧张素Ⅱ的生成发挥降血压作用，同时能够导致缓激肽在气道蓄积而产生剧烈的无痰干咳效应。

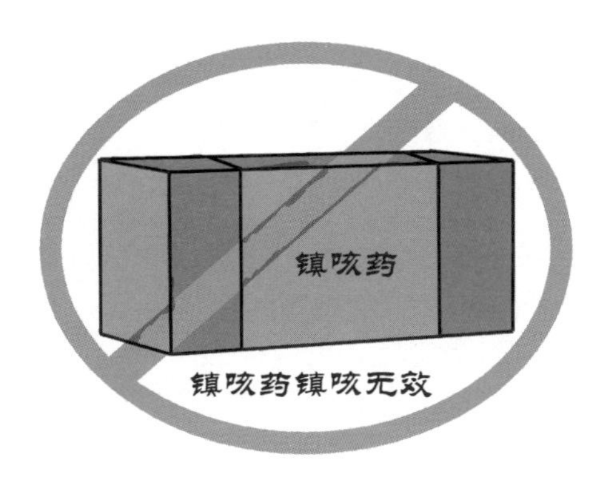

另外，**一般的镇咳药对卡托普利引起的无痰干咳并无镇咳效果，只有停止服用卡托普利才能从根本上缓解无痰干咳的症状。**所以，这种特殊的咳嗽反应虽然没有痰液产生，但是却大大限制了卡托普利用于高血压的治疗。

六、都是尿酸惹的祸

——氢氯噻嗪诱发痛风

高血压患者常常会抱怨夜间熟睡时突然发作关节疼痛，难道关节痛也是高血压的主要症状之一吗？其实事实并非如此。原来，高血压患者通常会服用一种利尿药——氢氯噻嗪，通过利尿减少血容量，并通过促进钠离子的排泄舒张血管，从而降低血压。

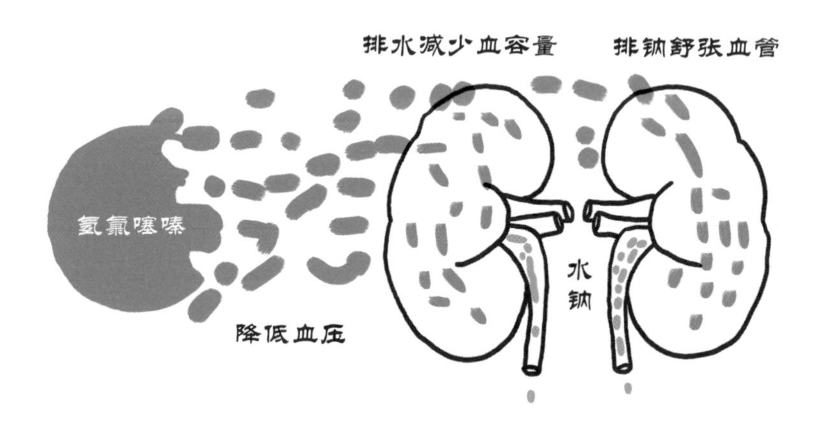

氢氯噻嗪主要是经过肾小管分泌到尿液中排出体外的，而这一过程却抑制了尿酸在肾小管的分泌排泄，从而导致血液中的尿酸浓度过度升高。体内增多的尿酸盐在夜间特别容易沉积在关节腔等处，激活关节腔产生剧烈的炎症反应，进而引发急性关节疼痛。

因此，服用氢氯噻嗪的高血压患者虽然血压降下来了，但是尿酸的水平却升高了，夜间发作关节痛也就不足为奇了。**为了避免关节痛发作，痛风患者一定要慎用氢氯噻嗪治疗高血压。**

>>>>>>>>>

七、消肿利器

——甘露醇

脚踝扭伤是我们日常生活中经常遇到的意外情况。由于脚踝处的软组织和毛细血管都受到了损伤，组织液、血浆和淋巴液等均会迅速渗出并蓄积在脚踝周围的组织间隙中，脚踝便会明显肿胀起来。扭伤部位的炎症刺激和肿胀导致的神经压迫，令受伤者感到疼痛难忍。**不用着急，甘露醇可以帮你消肿止痛。**

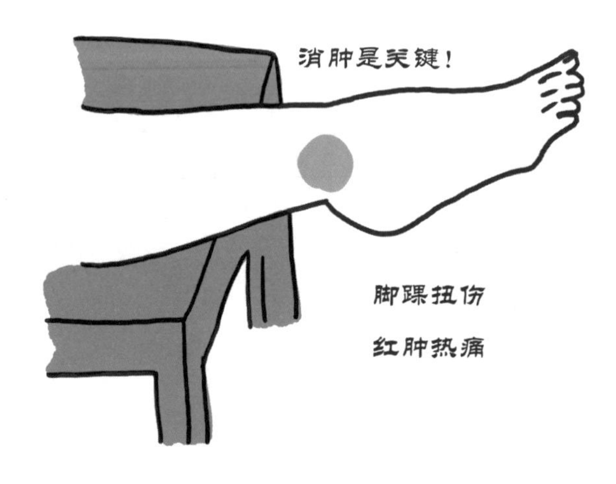

甘露醇是一种渗透性利尿药，被注射进入血液后，迅速提高血液的渗透压，这样就能够把蓄积在扭伤部位的过多水分拉回血管内；同时甘露醇还可以被肾小球滤过到尿液中，提高尿液的渗透压，减少水在肾小管处的重吸收，最终促进肿胀处的水分以尿液的形式排出体外。通过强大的渗透性利尿作用，甘露醇便很快消除了扭伤组织的肿胀和疼痛，不愧其“消肿利器”的称号。

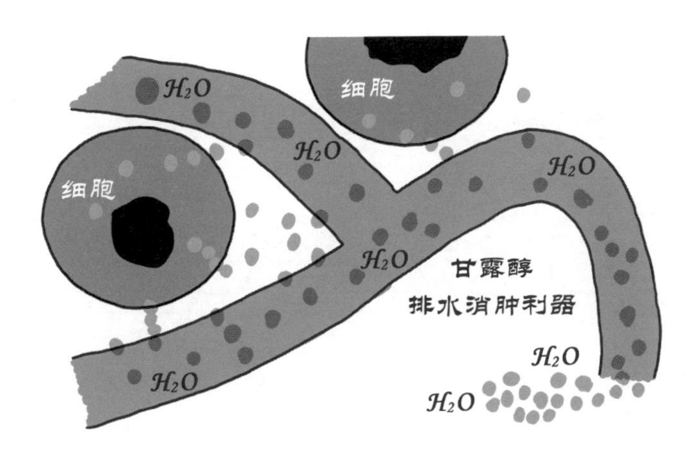

>>>>>>>>>

八、降压药也能降血糖

——卡托普利的降糖效应

卡托普利是一种血管紧张素转化酶（ACE）抑制剂，能够减少体内血管紧张素Ⅱ的生成，导致血管舒张和外周血管阻力降低，从而发挥很好的降血压作用。但是部分服用卡托普利的患者，却会出现低血糖诱发的晕厥。卡托普利不是降压药吗？怎么还会出现血糖下降的奇怪现象呢？原来，卡托普利除了具有舒张血管的功效外，还能够显著增强机体对胰岛素的敏感性。

胰岛素是由胰腺内的胰岛 β 细胞分泌的一种激素，在糖代谢中具有重要作用。胰岛素通过促进糖原合成和增加组织细胞对葡萄糖的分解利用起到降低血糖的作用。由于卡托普利具有显著的胰岛素增敏效应，所以服用卡托普利的高血压患者不仅血压降下来了，血糖也会明显下降，随后发生的晕厥现象也就不足为奇了。因此，**高血压患者在服用卡托普利期间应密切注意血糖的变化，防止血压和血糖过低导致的意外晕厥。**

九、排尿也能治疗高血压

——利尿药的降压效应

大家都知道，我们每天都要排尿，如果不能及时排出尿液，就会患上尿毒症。但是，**你知道多排尿也能治疗高血压吗？**原来，大量排尿能带走体内过多的水分，显著减少血管内的血容量，从而导致流回心脏的血液减少，也降低了心脏的射血量。另外，尿液中会排出大量的钠离子，大量排尿能显著降低机体细胞内的钠离子浓度，进而激活血管平滑肌细胞膜上的钠钙交换子，导致细胞内的钙离子浓度也降低，从而导致血管舒张，外周血管阻力降低。

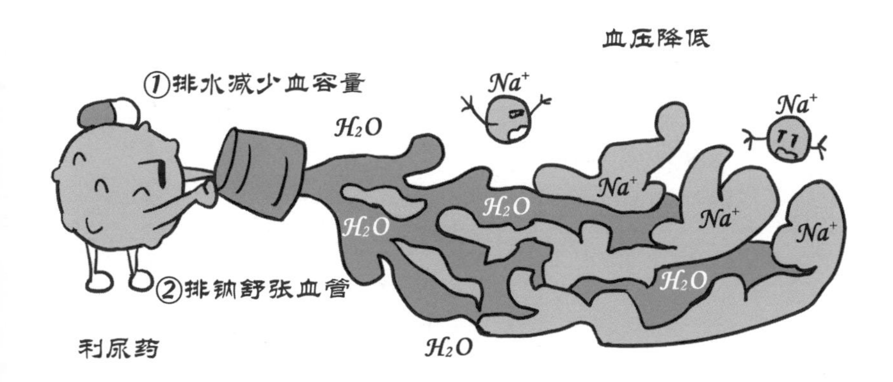

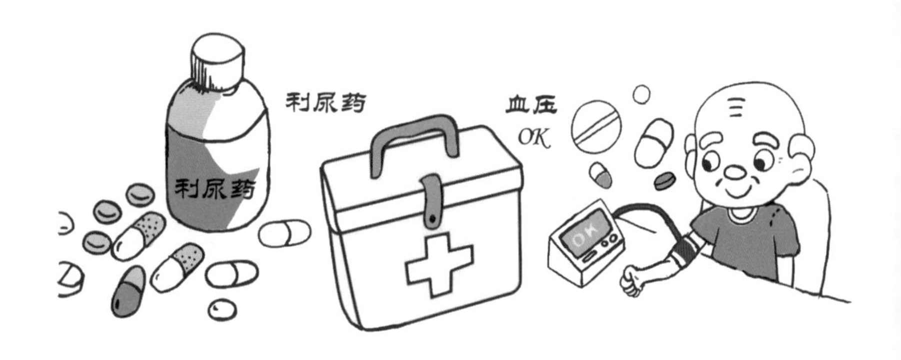

既然增加尿液的排泄能够减少血容量和舒张血管，那么多排尿能够降低血压也就不难理解了。医生给高血压患者服用利尿药，正是利用了利尿药能够发挥大量增加尿液排泄的作用，从而达到降低血压的治疗效果。

十、为高血压患者保驾护航

——降压药的用药原则

高血压是严重危害人类健康的疾病，以发病率高、难以根治和损害靶器官为主要特征。合理使用抗高血压药进行降压治疗是改善患者生活质量和延长寿命的关键措施。要想做到合理使用降压药，必须掌握高血压的药物治疗原则：**①早期发现，尽早用药；②联合用药，协同降压；③平稳降压，防止波动；④保护器官，延长寿命；⑤规律服药，终身用药；⑥结合食疗，适度运动；⑦经常监测，防患未然。**

经过合理的药物治疗，多数患者可以很好地控制血压，将血压稳定在正常水平，从而延缓和减轻靶器官的损伤。无效的药物治疗将会加速肾、心和脑等重要脏器的损害，最终出现肾衰竭、心力衰竭和脑血管意外，甚至剥夺患者的生命。因此，高血压患者按照降压药用药原则科学用药至关重要。

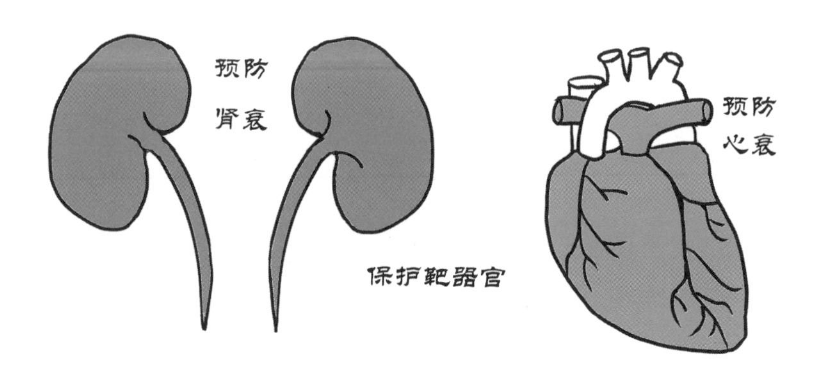

>>>>>>>>>

十一、改善心肌缺血的黄金搭档

——心绞痛的联合用药

心绞痛是生活中经常遇到的突发情况，病情危急，容易导致心肌梗死、心律失常，甚至发生心脏性猝死。心绞痛的直接发病原因是心肌供血的绝对或相对不足，因此，各种减少心肌血液供应和增加心肌氧消耗的因素，都可诱发心绞痛。同理，治疗心绞痛也应该选择能够增加心肌供血和降低心肌耗氧量的药物。

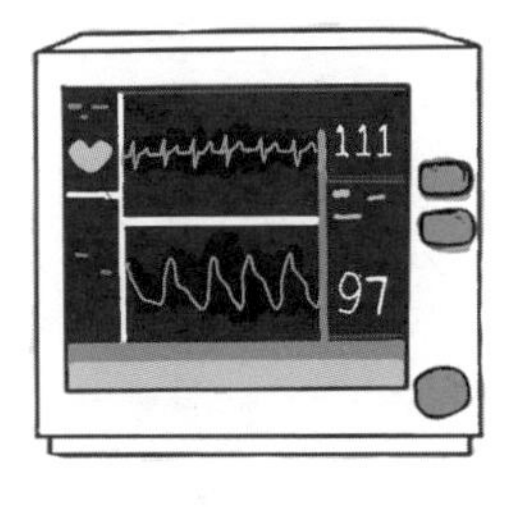

硝酸甘油能够舒张心脏冠状动脉，增加心肌供血、供氧；同时也能舒张外周血管，降低心脏射血的阻力，从而减少心肌耗氧量，有利于缓解心绞痛。但是由于硝酸甘油的舒张血管效应能够引起血压下降和反射性的心脏兴奋，又导致了心肌耗氧量增加，从而削弱了其缓解心绞痛的效果。

普萘洛尔能够减慢心率和抑制心肌收缩力，降低心肌耗氧量，但是由于心率减慢导致回心血量增多，使心室舒张末期容积和室壁张力升高，又增加了心肌耗氧量，从而也降低了其缓解心绞痛的效果。

硝酸甘油与普萘洛尔联合用药，不仅保留了各自的优点，而且能够相互抵消各自的缺点，从而发挥协同增加心肌供血、降低心肌耗氧量的作用，更加有利于心绞痛的治疗。因此，**硝酸甘油与普萘洛尔联合用药治疗心绞痛，可以达到“取长补短，合作共赢”的目的。**

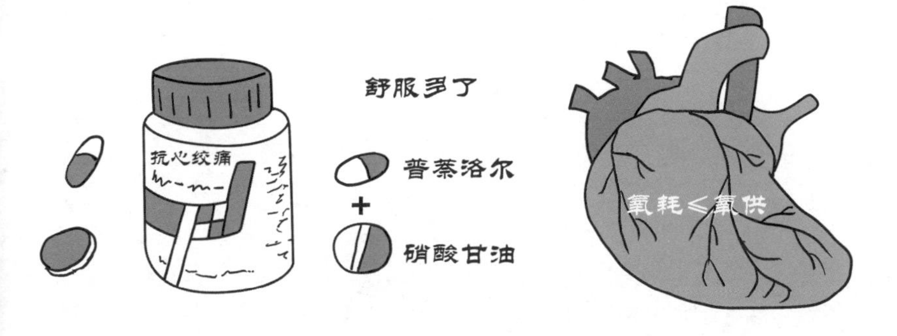

第十章

人类与病原体的不懈斗争

——化学治疗药物

>>>>>>>>>

一、适者生存

——肿瘤耐药性

癌症是威胁人类健康的第一大杀手，使用抗肿瘤药物进行化学治疗（简称化疗）是癌症治疗的主要方式之一，但是单纯使用药物化疗的抗癌效果却常常不够理想。很多患者在刚接受化疗时效果很好，可是随着药物使用时间的延长，越来越多的癌细胞却不能够被杀死，反而出现增殖更活跃的情况。为什么治疗时间越长反而癌细胞越猖狂呢?

癌细胞第一次接触抗癌药物时，由于其缺乏对药物的抵抗性，抗癌药物能够迅速杀死癌细胞，尤其是处于细胞增殖周期的活跃细胞，更容易被抗癌药物捕捉杀死。抗癌药物初次出征便把癌细胞杀个措手不及，取得阶段性的胜利。

可是狡猾的癌细胞并不会坐以待毙，经过首战的失败，癌细胞总结经验教训，不断地进行自我装备，最终获得能够抵抗抗癌药物的突变。这些突变可以阻断抗癌药物进入到癌细胞内；或者通过在细胞膜表达蛋白载体，主动将进入癌细胞的药物转运到细胞外，从而降低癌细胞内的抗癌药物浓度，达不到杀死癌细胞的最低要求。最终导致原本处于弱势的癌细胞逃脱抗癌药物的猎杀。癌细胞虽然可恶，但是自然界的适者生存法则却适用于任何物种。我们将这种现象称为肿瘤耐药性。

>>>>>>>>>

二、不可逆的黄牙畸形

——四环素的牙齿发育毒性

四环素是抗生素家族里的老兵，在 20 世纪七八十年代曾作为一线抗菌药物应用于临床。四环素与钙离子具有很强的亲和力，结合后形成四环素 - 钙复合体，很容易在含钙多的器官组织沉积。婴幼儿是牙齿发育的关键时期，牙冠正处于发育钙化阶段，对钙的需求量很大。因此，如果婴幼儿时期服用四环素，形成的四环素 - 钙复合体就会大量沉积在牙冠上。

这种遭到四环素侵蚀的牙齿表现为棕黄色色素沉着、牙釉质发育不全、牙齿发育畸形和易于造成龋齿等缺陷，而且四环素用药剂量愈大，牙齿黄染愈深，牙釉质发育愈不全。四环素造成的牙齿发育畸形一旦形成将不可逆转，危害极大。因此，**为了防止儿童牙齿发育畸形，妊娠期妇女、婴幼儿及儿童应禁止服用四环素**。

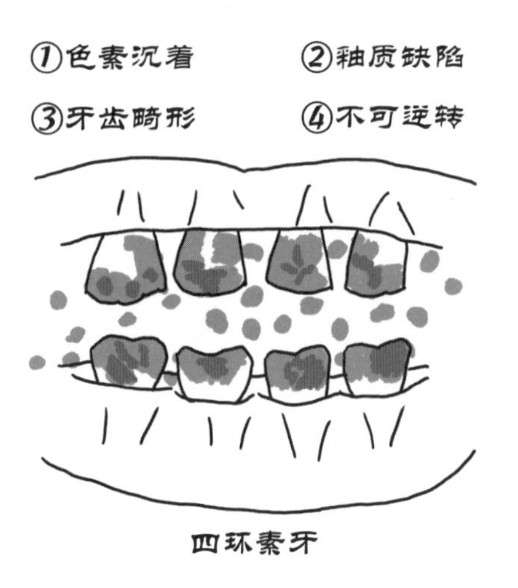

三、扭曲的骨骼

——四环素导致的骨骼发育畸形

儿童是骨骼快速生长发育的关键时期，在这一阶段机体对钙的需求量很大，大量的钙会分布到全身骨骼中。因此，能够与钙发生结合的物质容易随着钙的分布沉积到骨骼中。

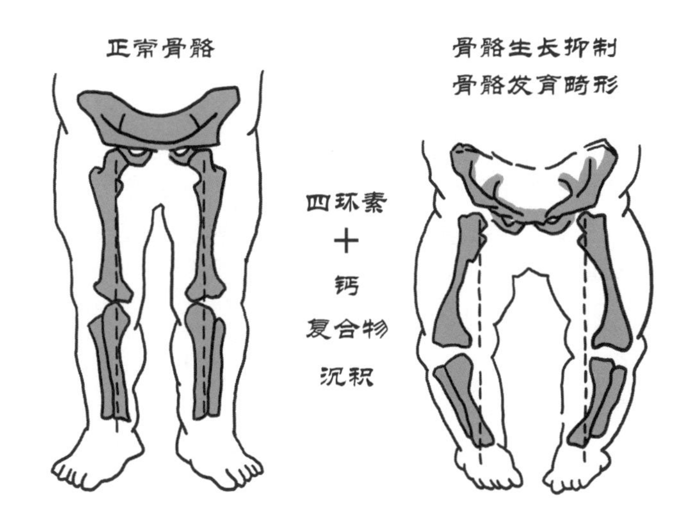

>>>>>>>>>

四环素是一种广谱抗生素，曾作为一线抗菌药物应用于细菌感染性疾病的治疗，对多数革兰氏阳性菌与革兰氏阴性菌均有很好的抑制作用。其作用机制主要是阻止氨酰基与核糖核蛋白体的结合，阻止细菌肽链的增长和蛋白质的合成，从而抑制细菌的生长，高浓度时也有杀菌作用。

但是，四环素与钙离子具有很强的亲和力，容易与钙离子结合形成四环素-钙复合体，从而易于在儿童快速发育的骨骼中沉积，并且导致儿童骨骼发育畸形和骨骼生长抑制，造成严重的生长障碍。因此，**为了儿童的健康成长，8 岁以下的儿童应该禁用四环素。**

>>>>>>>>>

四、能够救命的皮试

——青霉素过敏性休克

青霉素的发现和应用被授予1945年诺贝尔生理学或医学奖，用以表彰其在细菌感染性疾病治疗中的巨大贡献。但是**有些人在使用青霉素后会迅速出现呼吸困难、面色苍白、出冷汗、血压下降，甚至昏迷和死亡。**原来，这是应用青霉素产生的过敏性休克现象。

人体有一套免疫防御系统，当外界具有抗原性的物质进入人体后，免疫系统会做出反应，产生相应的抗体，这时候机体处于致敏状态。当处于致敏状态的机体再次接触该抗原后，体内的抗体就和抗原发生反应，产生的炎症细胞就会释放一系列活性物质，使人体在短时间内出现血压下降、喉头水肿、呼吸困难等严重反应。由于青霉素进入机体后可以成为抗原物质，所以可以致敏机体，当再次使用青霉素后便可以激发机体产生过敏反应。

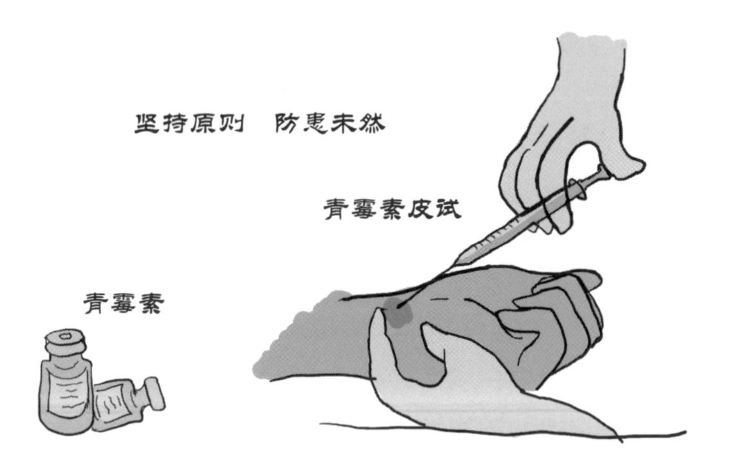

青霉素皮试是在皮下组织中注射微量的青霉素抗原，如果机体对该抗原已经处于致敏状态，则皮试注射局部会产生皮肤红肿反应，从而医生可以据此判断机体已经对青霉素致敏。如果已经致敏则不能继续应用青霉素进行抗感染治疗，以避免青霉素过敏性休克的意外事故。

五、灰色的婴儿

——氯霉素诱发的灰婴综合征

婴儿应该是一副十分可爱的粉嘟嘟的形象，可是有一种婴儿看起来却是灰色的皮肤外观，因此也被称为患有“灰婴综合征”的宝宝。“灰婴综合征”是氯霉素的严重不良反应之一。氯霉素是一种抑制细菌蛋白质合成的抑菌药，在抗细菌感染中发挥了重要的作用。但是氯霉素在体内大量蓄积中毒时可致呼吸困难、进行性血压下降、循环衰竭，由于缺血缺氧导致患者皮肤苍白、发绀或呈灰色外观。

早产儿和新生儿肝内葡萄糖醛酸基转移酶缺乏，使氯霉素在肝内代谢发生障碍，再加上早产儿和新生儿的肾排泄功能不完善，所以，当婴儿应用氯霉素时非常容易造成氯霉素在体内的蓄积中毒，从而导致“灰婴综合征”的发生。因此，**婴儿、孕妇、哺乳期妇女应该慎用或禁用氯霉素。**

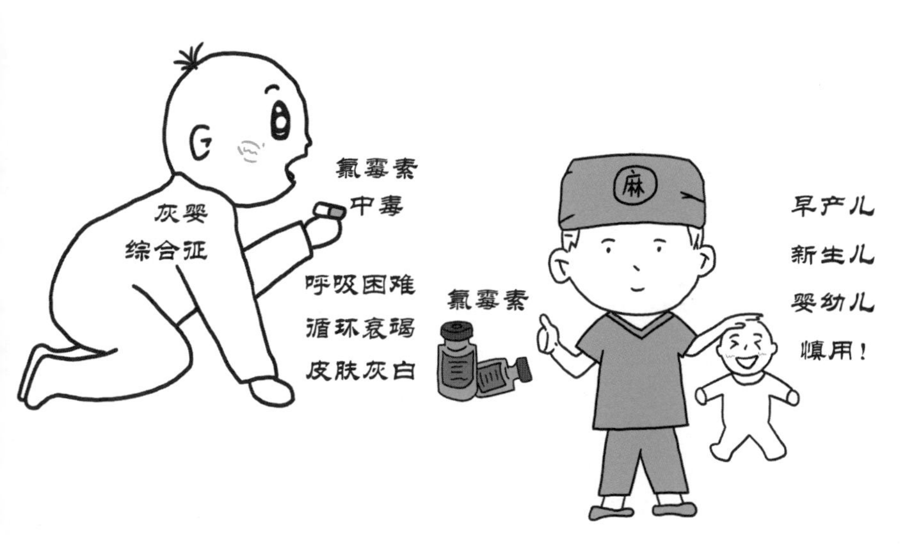

>>>>>>>>>

六、大脑黄疸

——磺胺药诱发的新生儿核黄疸

黄疸是由于胆红素代谢异常引起血液内胆红素浓度升高所致，临床上表现为巩膜、黏膜、皮肤及其他组织被染成黄色。正常情况下，血液中的胆红素多数与血浆蛋白结合，以结合型胆红素形式存在，因此难以通过血脑屏障进入脑组织。但是在某些病理情况下，由于血浆内的胆红素产生过多，超出了血浆蛋白的结合能力，或者胆红素由结合型大量被置换成游离型时，则血液内游离型胆红素浓度会大大增高，而游离型胆红素可以通过血脑屏障进入大脑，从而导致胆红素脑病的形成，我们把这种大脑组织胆红素增高引起的“大脑黄疸”称为“核黄疸”。

磺胺药是一种抗菌药，其与血浆蛋白的结合力比胆红素更强。所以，当新生儿服用磺胺药后，大量的结合型胆红素被磺胺药竞争性从血浆蛋白置换下来，导致血液内游离型胆红素急剧增多，并进一步扩散进入大脑，脑组织内过多的胆红素可以诱发“大脑黄疸”——“核黄疸”。**核黄疸危害极大，可以诱发新生儿哭闹、呕吐、嗜睡、强直、惊厥、抽搐、智力低下、听觉障碍及大脑发育异常等。因此，新生儿要慎用或者禁用磺胺类药物。**

药物改变人体机能：药物效应

机体对药物的处理：药物代谢

胆碱能神经和肾上腺素能神经：外周神经

人体司令部：中枢神经

麻醉药的前世今生：麻药总论

为外科创造理想的手术条件：麻醉药理

围手术期的不良反应：麻醉毒理

人类向往的无痛世界：镇痛药物

循环系统的安全卫士：心血管系统药物

人类与病原体的不懈斗争：化学治疗药物